不老的腦

首創以「腦科學」╳「老化研究」╳「正念」來實證——
全世界的菁英們都是這樣讓大腦回春！

Aging and Mindfulness :
How meditations can change your brain.

久賀谷亮——著
Akira Kugaya
陳亦苓——譯

─專文推薦─（依姓名筆畫順序排列）

周鉦翔　知名企管講師、臨床心理師

推薦的三個理由──

理由一：醫學證據大支持。這本書從「腦神經科學+老化醫學+正念學」三種當紅醫學研究出發，提供簡單易上手的實務技巧，帶著我們系統化地活化大腦，強化腦功能，提高生活滿意度與生命幸福感。

理由二：淺顯易懂易上手。學術中有故事，文字中有漫畫，還有簡潔圖解，讓我們輕鬆愉快的學習最新的腦科學知識。

理由三：循序漸進地學習。想要快速學習的夥伴，可以從1～2章來學習「腦神經科學」，也可以從3～4章來深入「老化醫學」研究，當然也可以從5～7章來實際經驗「正念學」的神奇之處，最後，第8章帶著我們再次沉澱與整合對死亡的認識，破除迷思。

陳德中　台灣正念工坊執行長

自為久賀谷醫師的上本著作《最高休息法》寫推薦文迄今，一晃已超過兩年，很高興看到他的書在台極為暢銷，也愈來愈多人體驗到「正念（Mindfulness）」對於疲勞消除與睡眠促進的幫助。如今，他再次從大腦科學出發，進到另一個極重要的主題——「老化」。

眾所皆知，台灣也如日本般往高齡化社會邁進了。其實，無論古今中外，生老病死是所有人類都無法避免的課題。不管是秦始皇想取的蓬萊仙丹，或是現代各式抗老醫學，都無法讓人永遠長生不老。既然如此，不如面對與接納這個事實，不需太過擔憂害怕，這就是生命的本質，也沒什麼不得了的。

然而，重點是我們活著時每一天的品質。

當今人類雖平均壽命較長了，但不少人晚年終日臥病在床度過餘生，一躺就是多年，自己辛苦難受，也帶給家人重大負擔。高齡社會下，記憶力減退及失智症的問題更是愈來愈常見。因此，如何在人生的下半場，還能維持大腦與身體的健康活力，變成對所有年齡者都重要的課題。

幸運的是，問題似乎有解，如同久賀谷醫師所述：「基因層次對老化的影響，不過估約25％，75％則都為環境因素。換句話說，我們自己也有辦法改變。諾貝爾醫學獎得主伊莉莎白·布雷克本也強調，壓力是老化與失智症的風險因素。本書所介紹的正念，能夠在舒緩壓力的同時，讓我們的大腦變化為不易衰老的狀態。」

除此之外，本書還介紹了各種實用的抗老化面向，有科學的研究資料，也有具體的施行方法；更難得的是，它還結合了小說與漫畫體裁，使全書變得更好看了。在此推薦給大家，祝福所有讀著們皆能擁有健康、清明與活力的青年、中年和晚年。

張立人　《終結腦疲勞！》作者暨台大醫師

久賀谷亮醫師睿智地指出：市面上的抗老化商品，大多只是「逃避老化」，眞正的抗老化，是要從保護端粒做起，因為端粒保護你我的DNA，那裡藏有青春之泉。他闡述「正念力」是抗老化的首要方法。

你我陷進職場與家庭過勞、網路數位產品日夜轟炸、不健康生活型態的爛泥淖中，早已走在「腦疲勞」、「腦老化」、「腦失智」的不歸路。本書將搶救你的大腦、免於早老宿命，帶你走回抗老化的康莊大道！

張怡婷　女人進階To be a better me粉絲頁版主

身兼多職的職業婦女，每天都有忙不完的事、操不完的心，若大腦老化且堆積廢物，就像是記憶體不足且轉速不夠的舊電腦，讓我們工作生活相當吃力。青春的大腦可以幫助我們快速切換思考場景，保持高效率、高產出。

作者用漫畫輕鬆的教導大家，如何以正念將腦功能變強、容量變大，是這世代的我們很需要的大腦回春秘笈。

楊天立　臺灣正念發展協會常務監事

在國外期間先看完了簡報，相當的歡喜！回國後淹沒在年底的忙碌工作、會議、演講、出差之中，本文雖然只是跳躍式的選讀，但也很驚喜！經過一些持之以恆的小小練習，就能夠使大腦自疲勞、壓力中恢復，更能延緩老化乃至於使大腦回春。這也支持了我這些年來推廣正念靜觀、禪修、氣功的努力，希望能夠自助助人。書中許多觀點我也是經常與學員和親友同事分享，相信透過這本書的宣導，將能夠更有說服力，使更多人獲益！

很高興經由科學的證據，印證大腦是可以持續地成長。透過將正念練習導入到生活之中，在行住坐臥、語默動靜之間，在呼吸、走路、飲食、運動之中，有意識地去注意到身體、感覺、情緒、念頭等，運用一個個小小的正念練習，持之以恆，就可以使大腦休息、充電、成長、回春，達到身心的平衡與生活的和諧。

非常樂意能夠推薦本書，使更多忙碌而身處壓力的人們獲益。

齊立文　《經理人月刊》總編輯

身心靈的高品質管理，也是一分耕耘、一分收穫的

先做一個小測試，拿出紙筆或在心裡默想，看到「老」這個字，你會立即聯想到哪些情緒和感覺？

我先說自己的答案：「直接面對身心衰老的負面想法」，是我在閱讀本書過程中最大的收穫。跟著作者鋪展的故事情節，我腦海中不時浮現的，竟然不是充滿活力、精神抖擻的長輩；而是偶然地在醫院、街頭、餐廳偶見的佝僂蹣跚的老者身影，而且伴隨著的情緒都是同情的、陰鬱的、不忍的，當然還略帶一點恐懼地想：「我老了以後會是什麼模樣？」

進一步細分我的恐懼，可能還可以拆成幾個不同的層次：有容貌的衰老、體能的退化、擔心與社會脫節、心靈孤單無助。比較極端的情境下，在目睹過健忘失智、失去生活自理能力的年長者時，可能還輕率地說過：「寧可好死，也不要歹活。」

在科技與科學的進步下，「老化」固然某種程度上仍是不可逆的生理現象，但

是「長壽」似乎也是勢不可當的趨勢。所以，我們每一個人「理論上」都要面臨的課題便是——如何在愈來愈長的生命中，開心地、健康地、優雅地老去。

在身心靈的老化議題中，本書作者以其專業的醫學背景，特別側重於「預防大腦老化」這個領域，也爬梳彙整了大量科學研究與學術報告。提醒讀者在保持四肢發達的同時，千萬也「別放任大腦簡單」，因爲「『上了年紀，大腦便不再成長』的說法完全是毫無根據的道聽塗說……（而）腦會不會成長，終究取決於是否有爲此採取適當行動，又或是什麼都不做，就任由它老化。」

至於適當的行動是什麼？作者不是直接列出吃好、睡好、多動、冥想技巧，要讀者按表抄課，而是從「學習知識、改變心態」做起。先帶領讀者了解大腦具備可塑性，以及人在延緩大腦老化具備的「主動性與積極性」，接著自然就更能夠接受書中的核心理念——採取的正確方法，確實可以延緩大腦的老化，確保老後的生活品質。

不要怕老，因爲我們每個人都有能力、也可以努力「抗老」。

溫宗堃　臺灣正念發展協會理事長

如果對大腦老化的科學及訓練大腦的方法感興趣，就不能錯過這本書。正念練習，可能減緩大腦和基因的老化。在這高齡少子化的社會，我們每個人都需要學習健康老化的生活方法。

蔡宇哲　哇賽！心理學創辦人兼總編輯

台灣正進入一個高齡化的社會，我們不該只期待政府提供一個美好的長照環境，而是自己要做好變老的準備。書中提到一些重要觀念我非常認同，必須在「吃、動、睡、心」這幾個層面都有正確的認識外，還要在生活當中實踐。而這幾個當中，就以「心」是最困難的了，不僅要做好心理準備，還需要心智的鍛鍊。

因此，本書對此多有著墨，可以確實瞭解如何從心開始做好準備。閱讀「不老的腦」，你可以好好變老。

謝伯讓　認知科學家、《大腦簡史》作者

你是否覺得自己已經開始腦力衰退，但卻苦無對策？你是否聽過許多大腦與老化的研究，但卻不知如何運用？在久賀谷亮醫師的這本新書中，知識將被轉化爲行動，直接簡明的告訴你「該怎麼做」！

蘇益賢　臨床心理師

在過去，走得快者令人稱羨；但來到高齡社會後，走得久、走得健康，反而變成了另一種更可貴的優勢。要如何讓身、心、腦都能用得更久呢？我常借用「投資」的說法來比喻：投資是一種前瞻行爲，是現在犧牲一點時間、一點錢、一點心力，早點開始做些努力（雖然有點辛苦），好換取未來更大、更美好的回報。

本書作者不藏私地分享了許多即刻就可以開始進行的「不老的腦投資術」，敬邀讀者一起來實踐。投資自己的健康，穩賺不賠！

contents

Lectur 1

Lectur 2

Lectur
3

與「認知」有關的老化科學
——困擾著現代人的「恐老症」的眞面目

Lectur
4

全球最先進的「老化研究」——運動、飲食、睡眠、壓力

Lectur 5

Lectur 6

所謂老化其實是一種「大腦的進化」——老化的積極面

Lectur 8

【前言】

不論幾歲，成年人的大腦依舊會成長！

「跟幾年前相比，專注力一下就渙散了……」

「一旦做重複性的作業，腦袋就容易累……」

「不知爲何最近記憶力似乎變差了……」

各位是否也有這些感覺？

「應該是年齡的關係吧……」

「畢竟已經不年輕了……」

多數人可能都會這麼對自己說，並且就此放棄。

實際上，「大腦的老化不會停止」、「成年人的腦不會成長」這類一般論調，不斷爲近年的科學研究所推翻。

也就是說，其實「不論到了幾歲，大腦都能持續成長」，而且有一定的方法可做到。

全世界都在瘋「老化研究」

現在世界各地都在積極進行與「老化」有關的科學探究。

像Google便成立了老化研究的生物科技公司「Calico」，主力研究對抗癌症、衰老相關疾病及延長壽命的科技。Facebook的祖克柏夫妻也提供了每年4百萬美金（約4億日圓、1億2千4百萬台幣）的獎金，給以延長壽命爲目的之研究。還有PayPal的創始人彼得．提爾（Peter Thiel）、甲骨文（Oracle）公司的聯合創始人賴瑞．艾利森（Larry Ellison）等，也都捐贈、投資了龐大金額於研究長壽的新創企業。

甚至，因研究長生不老而獲得大筆投資資金的美國SENS研究基金會（SENS Research Foundation）其遺傳學家奧布里・德格雷（Aubrey de Grey）博士，更提出了「要讓人類能活到一千歲」的誇張願景。

到底老化科學（Aging Science）爲何如此受到矚目呢？

「持久的腦」必不可少

長生不老，是人類長久以來的夢想。佛陀所述的人類之苦——生老病死，也包含了「老」。因此，「老化問題」對我們來說，是個既傳統又創新的主題。

然而，對於生在現代的我們而言，「老」這件事從別的層面看來，也可能是一大問題。例如：今後人類的壽命將可能不斷地延長。

「人生百年時代」的說法，亦時有所聞。在日本「退休後的工作方式」及「第二職涯」等，已是無法逃避的議題。

今後，「60歲就退休在家看電視，靠退休金過日子」已是過去式，不論到幾歲都要持續學習、持續工作的生存方式，肯定將更爲普及。

對我們來說，必要的預防就不只有維持「可健康活動的身體」而已，還必須妥善地維護大腦，並創造出「持久耐用的腦」。

因爲腦部疲勞而產生的老化現象，從二、三十歲就會開始出現了。好好照顧自己的大腦，在提升平日效能表現的同時，培養出「長跑」級的耐力，這對現代人而言是必不可少。

上了年紀腦袋卻依舊年輕的人

我現在以美國洛杉磯精神醫療診所「TransHope Medical」之院長身

日本的平均壽命與健康壽命變化趨勢

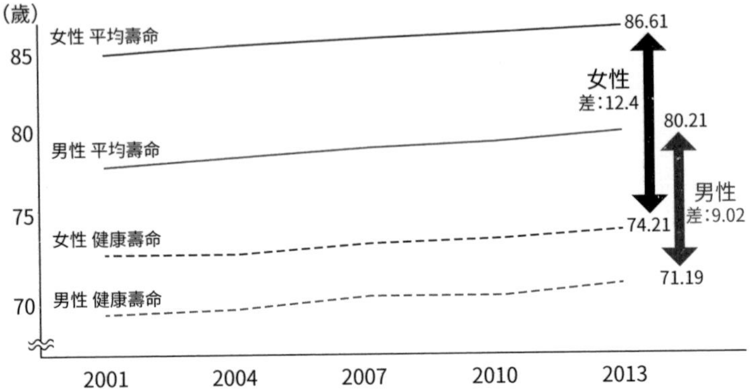

「與健康壽命間的差距」並未縮小！

〔資料〕

平均壽命：2001、2004、2007年與2013年的資料，取自日本厚生勞動省政策統括官付人口動態與保健社會統計室之「簡易壽命表」。2010年的資料，取自厚生勞動省政策統括官付人口動態與保健社會統計室之「完整壽命表」。

健康壽命：2001～2010年的資料，取自厚生勞動科學研究補助金「基於健康壽命之未來預測及生活習慣病政策的成本效益研究」。2013年的資料，取自厚生科學審議會地區保健健康促進營養部會資料。（2014年10月）

分，從事改善人們「心靈及大腦的失調」的工作。過去我在耶魯大學學習尖端腦科學，長期持續研究「腦的老化」問題，也曾在日本「臨終醫療」的第一線。

站在「心靈與大腦的醫療領域」時，我每天都深切地感受到，覺得「只要能夠長壽就好！」的人其實不是那麼多。

而健康壽命的重點，並不只有身體而已，大腦也同樣重要。

再怎麼身強體健的三十幾歲人，如果腦袋老化到五十幾歲的程度，那又能怎樣呢？反之，即使年齡超過六十歲，仍有些人能保有四十幾歲的智力表現，對吧？

那麼，這樣的差異到底從何而來呢？

決定了「腦的老化」的長壽基因——端粒（Telomere）

長壽基因「端粒」是什麼？

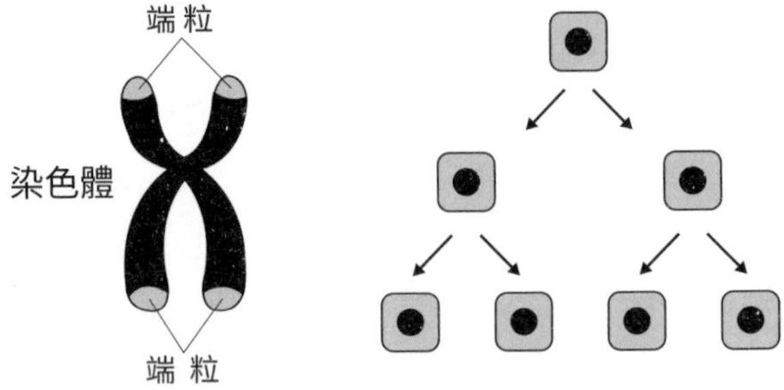

端粒會隨著細胞分裂而逐漸變短

在近年的老化研究中有個不容忽視的大發現，那就是長壽基因「端粒」的存在。

於二〇〇九年，美國生物學家伊莉莎白・布雷克本（Elizabeth H. Blackburn）等人解開了爲老化關鍵的重大機制，獲得了諾貝爾生理學暨醫學獎。

我們的染色體是由雙螺旋結構的基因所聚集而成，而卡在其末端以避免染色體散開的，就是「端粒」。你可以把它想像成是鞋帶末端的那個「小塑膠套」。

目前已知，這個端粒的長度是人老

化的指標。例如：若以新生兒的端粒爲100，則35歲時大約縮至75，65歲時縮到48左右，一路持續縮短。

明明年齡相同，有的人「看起來老得多」，有的卻「看起來相當年輕」，這多半都與端粒較長或較短有關。

「大腦的老化」也與端粒的長度脫不了干係。

也就是說，爲了保持大腦年輕，我們必須維持這種基因結構的長度。事實上，經檢查阿茲海默症患者的大腦後已確定，這些人的端粒都有明顯持續縮短的現象。

此外，決定端粒長度的，是一種名爲端粒酶（Telomerase）的酵素。適當的運動、健康的飲食、充足的睡眠等坊間各種所謂的「抗衰老方法」之所以有效，與這些會促進端粒酶的分泌及端粒的延長息息相關。

而在促進此酵素的分泌方面，現在「有個東西」正備受矚目。各位知道是什麼東西嗎？

維持「大腦青春」的最簡單辦法

答案就是「冥想」。尤其在歐美大受歡迎的所謂正念冥想法，對防止大腦及身體的老化，其效果已經獲得證實。

- 即使是初學者，只要經過短短六天的正念訓練，其端粒酶的活性便會增加。
- 經過八週的正念訓練，大腦皮層的厚度便會增加。
- 與專注及感官處理等有關的大腦部位之老化萎縮現象也有效。
- 與記憶有關的大腦部位密度會增加。

只要以適當形式持續實行冥想，「成年人的大腦也能夠繼續成長」這點，已隨著各種科學根據的出現而逐漸獲得證實。

因此，這次我才統整出這本《不老的腦》。這是第一本在介紹最新「老化科學」的同時，還討論包括正念在內的各種克服「大腦老化」之具體方法的書籍。

為了以入門書的形式，讓讀者們能夠輕鬆愉快地閱讀，我將本書設計成「漫畫＋小說」的故事體裁，其內容中的各種知識，可都是有學術研究做為背景支持的。

為了方便有興趣進一步認眞學習的人，書末亦提供了參考文獻一覽。而對於時間有限、「總之想趕快知道『該怎麼做』」的人，本書也整理出圖解方法的部分。

首先，請各位隨意翻閱，從自己有興趣的部分開始拜讀。若本書能在獲得「持久耐用的腦」方面對各位有所助益，身為作者的我眞的會非常開心。

醫師・醫學博士　久賀谷亮

先睹為快！

維持腦不老的三個方法

在此針對「總之想知道該怎麼做」的人，依據「①每天可做的」、「②運動時可做的」、「③用餐時可做的」這三大主題，挑選出本書的精華部分。而你也可將這部分當做讀完全書後的「複習」來閱讀。

1

每天都能做的——正念呼吸法

消除腦部疲勞，為所有冥想之基礎

對這些有效！

- 減低壓力
- 抑制雜念
- 專注力
- 提升記憶力
- 控制情緒
- 改善免疫力

①採取基本姿勢

- 坐在椅子上（將背部稍微挺直，離開椅背）。
- 腹部放鬆，手放在大腿上，雙腿不交疊。
- 閉上眼睛（若張開，則是漠然地望向前方2公尺左右的位置）。

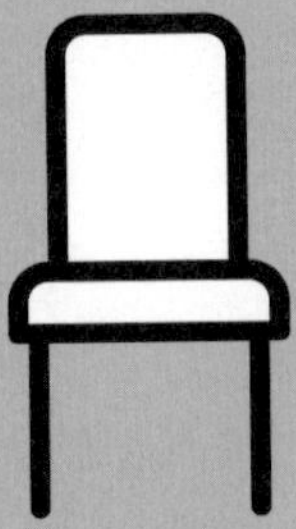

細節詳見
P.192~

②將意識導向身體的感覺

- 接觸的感覺（腳底與地板／屁股和椅子／手和大腿…等等）。
- 身體被地球重力吸引的感覺。

③注意呼吸

- 注意與呼吸有關的感覺（通過鼻孔的空氣／因空氣出入而導致的胸部及腹部起伏／呼吸與呼吸之間的停頓／每一次呼吸的深度／吸氣與吐氣的空氣溫度差異…等等）。
- 不必深呼吸也不用控制呼吸（建議用鼻子呼吸。感覺就像是等著，呼吸自然到來）。
- 為呼吸貼上「1」、「2」…「10」的標籤也很有效果。

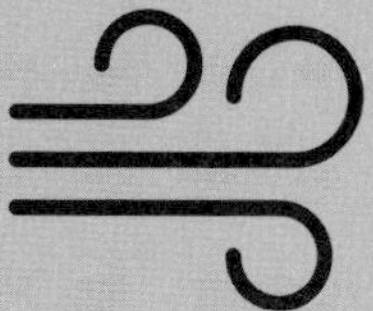

④如果浮現雜念…

- 一旦發現自己浮現雜念，就將注意力放回至呼吸（呼吸是「意識的錨」）。
- 產生雜念是很正常的，不必責怪自己。

POINT

- 每天10分鐘左右，持續以養成習慣。
- 也很建議配合心理狀況搭配實行「溫柔的慈悲心」（第208頁）或「平等心」（第245頁）。

2

運動時可做的——間歇正念

運動對「腦部萎縮」也有效果

對這些有效！

- 提升記憶功能（增加腦容量）
- 去除腦內廢物
- 防止細胞老化，增加抗氧化物質
- 預防阿茲海默症

①分別運用兩種不同類型的運動

- 續進行40分鐘左右的中強度（＝最大心跳速率的約60%）有氧運動。以「健走40分鐘左右×每週3次」為最佳。
- 間歇訓練。例如：快跑3分鐘後，休息3分鐘（或是用走的），反覆進行4組。
- 腰圍與臀圍的比例很重要（＝腰圍越粗，端粒縮短的風險就越高）。

細節詳見
P.147~

②間歇正念

- 在跑步／健走的過程中慢下來（或是停住站立），同時注意血液流動到手腳末端的感覺，還有呼吸逐漸趨緩時的變化。
- 不要逼迫自己，而是要關愛自己。不要和自己過去的表現比較，務必配合當天的身體狀況。
- 以「鳥眼」俯視並從自身之外觀察伴隨運動而來的辛苦感（彷彿靈魂出竅般）。

③動態冥想

- 採取國民健康操、瑜珈、氣功、太極拳等緩慢的運動。
- 運動即使有目標，也不要先去想「大概還剩多少？」
- 將注意力放在伴隨步行產生的身體感覺（雙腳的絕妙協調、兩腳踢到地面的感覺／肌肉及關節的動作／身體重心移動的感覺…等等）。

POINT

- 在進行泡澡、淋浴、刷牙、化妝、吹頭髮、換衣服等整理打扮自己的行為時，將意識導向身體動作也很有成效（還會有抑制壓力荷爾蒙帶來的美膚效果）。
- 目前已知用重量訓練增強肌肉的運動看不到延長端粒的效果，適用的僅限有氧運動。

3

用餐時可做的——正念飲食法

不只是改變「飲食內容」，也要改變「飲食方式」

對這些有效！

- 預防肥胖及代謝症候群
- 避免暴飲暴食
- 去除氧化壓力
- 延長端粒

①注意「飲食」——餐食冥想

- 吃東西前，要意識到「自己為什麼想吃？」將注意力放在食物的外觀、氣味、溫度及觸感等方面。
- 要像孩子般對吃這件事感到好奇。
- 品嚐口感、溫度、味道的變化等，並想想食材的來源。

細節詳見
P.152~

②擺脫「依賴」——RAIN

- 確認自己是否對「吃」、「喝」有不必要的過多渴望（Craving），以及當這些渴望獲得滿足時，身體又有何變化。
- 當渴望十分強烈時，請意識到「認知渴望（Recognize）」→「接受（Accept）」→「檢查身體變化（Investigate）」→「化為言語（Note）」這四個步驟。

③選擇食品——留意飲食內容

- 儘可能採納下列飲食習慣：
  〔1〕每天至少吃3餐全穀類，每天至少攝取1次綠葉蔬菜及其他蔬菜。
  〔2〕幾乎每天都於點心時間攝取堅果類。
  〔3〕豆類每隔一天攝取1次。
  〔4〕每週攝取2次以上雞肉及莓果類。
  〔5〕每週至少吃1次魚。
  〔6〕每天可加喝1杯葡萄酒。
  〔7〕以橄欖油為日常食用油。
  〔8〕奶油的攝取量每天不超過1大匙。
  〔9〕起司、速食及油炸食物等的攝取，每週低於1餐。

POINT

- 富含Omega-3脂肪酸的食物（鮭魚、鮪魚、葉菜類等），近來也備受矚目，這些食物具抗氧化作用，甚至有數據指出可預防32%的端粒縮短。
- 在飲食方面，證據可疑、不明的資訊相當多，務必要多加小心。

Nana的鳶尾花

克服腦部老化的故事

接下來，我就要以故事的形式，爲各位介紹最新的
「老化科學」，以及預防「大腦老化」的方法。
故事的舞台位於美國康乃狄克州的某個老人院，
序幕部分採取漫畫形式，敬請期待。

人啊，老了就完了。
知道嗎？美羽。
我彷彿聽見了媽媽的聲音。
沙
沙
沙
是啊…或許真是如此！
呼…
那個傢伙…
那天在路上巧遇前男友阿聰。
他帶了個相當可愛的女孩，
大概二十出頭吧！
不需用App修片就很漂亮！

不由自主地，就躲到柱子後頭的前女友──我，已是36歲。
當初還說什麼喜歡年長的女人呢⋯
我和同齡的女孩就是合不來⋯
我覺得像美羽小姐這樣年長的比較適合我。
騙子⋯！
也難怪，
他才25歲。
我33歲時，開始和他交往。
他那時剛出社會第一年。
習慣了工作後，才正想要玩吧！

被分手時，
我近乎瘋狂地一直質問他，但阿聰完全沒打算回答任何問題。
「你一定是喜歡上其他年輕漂亮的女生了，對吧？」我不斷地逼問——
還真給我猜中了……！
無法否認！
不得不面對！
就算他不承認結果也是一樣。
我輸給了「年輕」！

葉月前輩
嗯——…
葉月前輩!!
前輩，妳有在聽嗎？
啊…？
唉…又來了！最近好像很容易發呆，專注力、記憶力都變差了。
那個「老化模擬器」的改良版弄好了。我想請您幫忙測試一下…
我，葉月美羽，是任職於某外商研發部門的工程師。

現在手邊正在進行的，是與日本數一數二的化妝品品牌共同合作的老化模擬器專案。
許多販賣化妝品的店鋪，都已引進這種能以電腦繪圖描繪出人老時的外觀的機器。
名為「厄爾畢斯II」*
被數十年後年老色衰的自己給嚇到的消費者。
天啊啊啊啊啊啊

*註：厄爾畢斯（Elpis），希臘神話中的希望女神。

而「厄爾畢斯II」則是進一步開發為搭配VR眼鏡使用的老化模擬器。
先將本人的3D資料拍攝起來，再輸入個人資料，
接著戴上特殊的VR眼鏡，
便能在虛擬空間中與「變老的自己」面對面。
抗衰老的意識瞬間甦醒，於是便會忍不住想購買化妝品。
糟糕
這個也買 那個也要
據說，此裝置的促銷效果極佳。
1號原型機讓我們公司的年輕女員工發出慘叫——
天啊!!

由於效果太強烈，有人批評這樣反而會造成精神壓力，所以才有了改良版2號原型機。
其實我已經試過了，有夠眞實的。
做得超好，連我都忍不住覺得「這是哪裡來的死老頭啊！」
雖然明明就是我自己…
身為開發人員的我，這樣說可能有點怪──
深呼吸──
但這真的是個讓人很不舒服的裝置。
唰！
我的3D圖像資料之前就已存入！
一打開電源，就有個醜老太婆站著望向我！

震動
欸？媽媽打來的…
喂，美羽嗎？最近如何～？
唉呀，還沒下班，該不會
工作不能太認真啦——
不會到這個年紀了還熬夜工作吧？
這樣不行喔——
睡眠不足，對皮膚真的很不好喔！
黑斑之類的越來越多了吧？還有皺紋？
碎念
我有認識的診所，打肉毒桿菌很便宜喔！
碎念
這人…
根本沒打算聽女兒講話，自己講個沒完…
永遠只對保持年輕美貌有興趣…!!

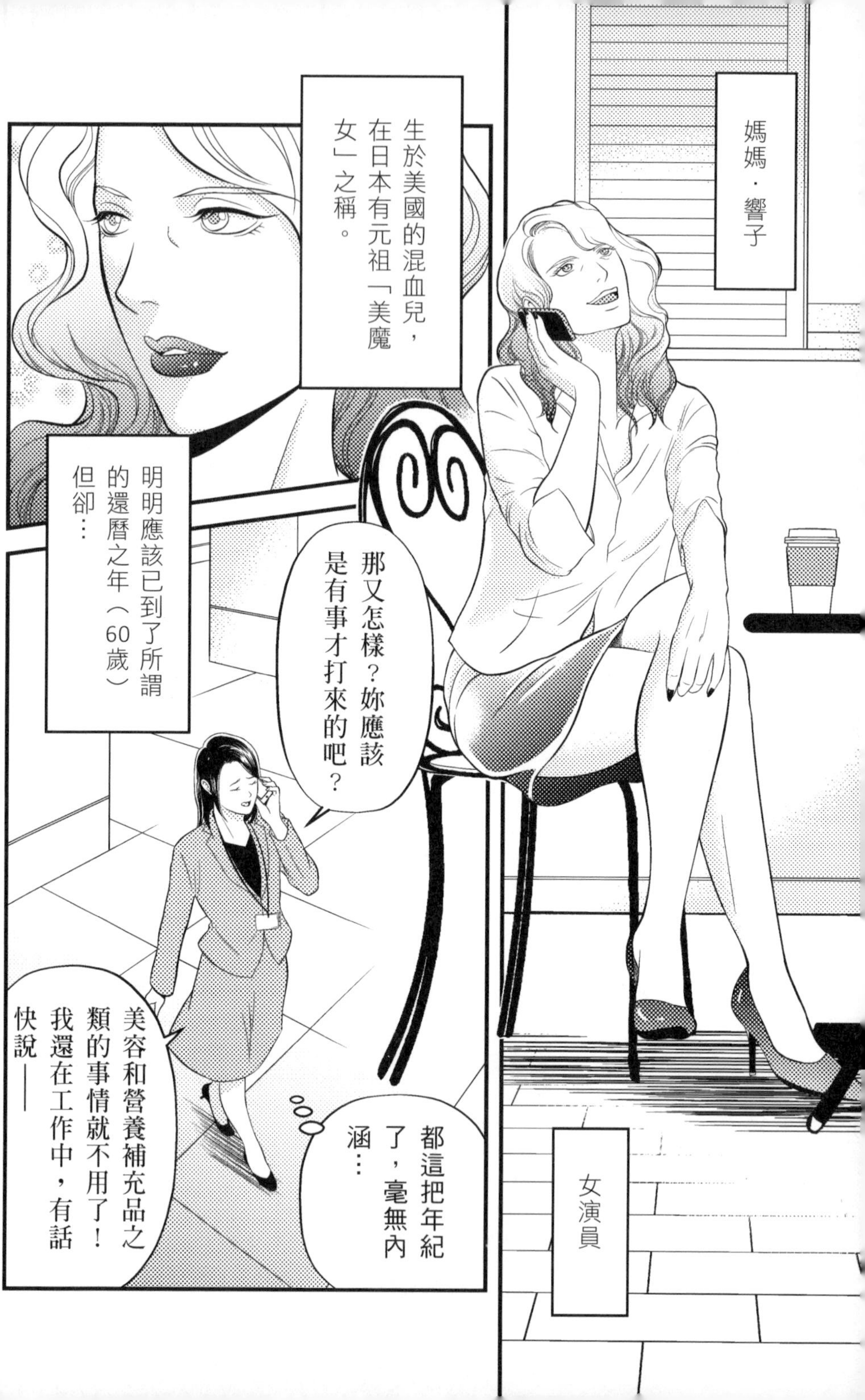
媽媽・響子
女演員
生於美國的混血兒，在日本有元祖「美魔女」之稱。
明明應該已到了所謂的還曆之年（60歲）但卻⋯
那又怎樣？妳應該是有事才打來的吧？
都這把年紀了，毫無內涵⋯
美容和營養補充品之類的事情就不用了！我還在工作中，有話快說——

什麼？
外婆她？
對
美羽
Nana！
「Nana」在英文裡是「外婆或奶奶」的意思。
母親與父親很早就離婚了，母親因為工作的關係經常不在家，所以我算是外婆帶大的。
外婆在美國，住進了老人院……
怎麼了？是身體哪裡不好嗎？
她沒特別說什麼吔…
她有說：「不用擔心。」
我想應該沒什麼問題吧？

外婆她——
她是為藝術奉獻一生的藝術家。
20幾歲時，隻身遠赴美國紐約。
在繪畫及陶藝等領域獲得了全世界的認可。
之後，在康乃狄克州遇見一位美國男性。
據說，即使在生下一個女孩（也就是我媽媽）後，她依舊以新銳藝術家之姿持續著各種藝術活動。
這樣的外婆，竟然進了老人院⋯⋯？

嗯〜
毫無頭緒…
就這樣啦！總之跟妳說一聲。
我媽這個人…基本上只對自己的事有興趣
…沒辦法…
……
老人院什麼的，我實在是不想看到啊！
轟
轟
轟
欸？等一下，媽——
(掛掉)
連聽到都覺得討厭
…就是這種感覺…

接完母親的這通電話後，我便請了進修假，動身飛往美國。
反正「厄爾畢斯=」的開發相當順利，已到了我不在也能完成的階段。
而且自從和阿聰分手後，我也一直無法專心投入工作。這是個好機會——
就在那兒…看起來不太像老人院吔…
我事先打了電話。「可以見到美羽眞是太好了！」外婆聽起來很開心。
我想外婆她一定很健康才對。
Welcome!

*註：進休假，Sabbatical Leave，以進修為目的之長期休假。

妳是美羽吧！
我有聽過妳喔！
你好！
歡迎來到「永恆之家」！
我是卡爾文，
是這裡的管理人之一。
聽說妳是特地從日本過來的？
我帶妳去看妳奶奶，亞希子。

這裡大約住了20～30名左右的老人。
有70幾歲的，也有超過90歲的。
有的是身體上有障礙需要長期照護，
也有的是記憶變得有點奇怪。
這部分和大規模的老人院沒什麼不同。
只有一點很不一樣的，那就是我們加進了跨世代交流！
跨世代交流？
只有老人聚在一起並不理想。
所以在我們這兒，也有年輕人一起生活。

而且年輕人免租金！
不過，他們必須定期和住在這裡的老人交流互動。
有義務要協助本院的運作。
原來如此…這對老人們來說是很好的刺激……
沒錯！
我們現在位於長者樓。
走出這兒，
穿過那短短的走廊，就是青年樓。
住在這兒的人都把那段走廊稱做「Styx」。
Styx?

Styx是出現在希臘神話裡的河川名稱。
這條河分隔了活人的世界與死人的世界。
也就是『冥河』…
美羽要不要也在『河』的另一邊住看看？
當然，我不會強迫妳的。
這裡是入住者們平常用的休閒娛樂室。
妳看，妳外婆就在那兒！

？
外婆，在哪兒…？
轉身
亞希子！美羽從日本來找妳了喔！
欸…
外婆……？
怎麼會…變得好矮小！
她的招牌特徵，馬尾呢……？
而……
而且那股俐落洗鍊的能量也沒了——
欸？唉呀！
這不是美羽嗎！
妳怎麼會在這兒？
欸…
真是的！來之前我不是有打電話跟您說了。該不會已經忘了吧?!

擁抱…
美羽，別洩氣！
亞希子只是恰巧今天狀況比較差罷了。
她平常都能清楚回答我們的問題。
在記憶方面…
幾天前，還在跟大家炫耀「我孫女要來看我喔！」
出現了失智症的症狀…
我那親愛的外婆……

謝謝你，卡爾文。
我沒事！
啜泣…
我要先回去了！
該走了…
這種地方真是讓人待不住——
ドッキッ
欸…
人啊，
老了就完了！

VR裡的
我
空咚
50年後的——
可惡！
明明一直不想變得像媽媽那樣…
有皺紋！
結果
「變老」好可怕——
美羽！

美羽，妳沒事吧？
一定是坐飛機太累了！
我想是有點貧血之類的吧…總之，今天就待在這裡好好休息一下。
竟然出現那樣的幻覺…
就像卡爾文說的，我一定是太累了…
喔，對了，這是史考特！
他恰巧發現了和我分開後昏倒在入口處的妳，並且來通知我。
他是上週才剛入住的「新人」喔！
這位老先生還真是個小個子啊…
謝謝你，史考特。

妳是不是不由自主地就是很討厭老人啊？
沒，沒有，怎麼會！
這樣啊！
我看得出來。
不過，
變老眞的很可怕吧？
什…什麼嘛，怎麼這樣！
我很謝謝你救了我，但你這樣說有點沒禮貌吧！
沒錯，我討厭變老！！
啪

我是女生這不是很正常嗎！
逼近！
不行嗎？！
別這麼激動！
妳是亞希子的孫女，對吧？
其實，我是亞希子的老朋友。
就這樣……我認識了史考特。
遇見史考特，大大改變了我的「老化」。而這是此時的我，所想像不到的。
變老，是人生最大的詛咒之一！
但人卻能夠從中獲得自由！
這個故事所述說的，是一個「從變老之中獲得自由」的心路歷程——

Lecture 1

有人常保年輕，也有人很快老去

——「長壽基因」與「老化」的科學——

「很醜嗎？」

在「永恆之家」的餐廳吃早餐時，有個聲音傳來，是昨天那位叫史考特的老人。

正打算離開時卻昏厥在地，被人扛到訪客用房間休息的我，就這樣接受了卡爾文的好意留宿了一晚。因爲還有點時差沒調回來的關係，我一大早就醒了，不過，據說這裡從早上5點起就開始供應早餐。

的確，老人家起得早。明明外頭還一片昏暗，許多老人們卻都已起床，緩緩地用起餐來。

外婆似乎還在睡，沒看見她的身影。

「老人看起來很醜，對吧？」

儘管無意回應，但彷彿看穿我的心思般，史考特又再問了一次。

「——是啊，眞的很醜。」

我長長地吐了一口氣後回答。

雖然我一個人坐在離得稍微遠一點的靠窗座位，但對於還是聽得到他們喝湯時咂巴咂巴的進食音，以及清喉嚨、吸鼻涕等的聲音，內心還是相當焦慮不安。

為什麼上了年紀的人就是這麼邋遢呢？

「話說回來，昨天眞是謝謝你啊。」

爲了結束剛剛的話題，我再次向史考特深深一鞠躬。

「哈哈哈……。不不不，不用謝。道謝還不如……那個我的意思是，吃完早餐後來我房間喝杯茶，如何？」

這老人發出一陣奇妙而獨特的笑聲，一邊點頭一邊說起話來。

「……？」

我瞬間僵了一下，不過馬上就意會過來，他的意思是：既然我幫了妳，那麼妳來房間陪我聊聊天吧！

這要求相當地厚臉皮，但我也確實是受了人家的照顧。更何況對方是比自己還矮小又滿臉皺紋的老人，我相信在發生緊急狀況時，我是能夠保護自己的。

於是我以微笑回應了史考特的邀請。只要這次陪他聊一下，應該就互不相欠了吧。

「……好啊，我很樂意。」

克服「老化」最確實的辦法

走進他房間後，首先映入眼簾的是設置在兩側牆壁上的大書櫃。看著各種書籍把書櫃塞得滿滿的，感覺根本不像是老人院的房間，而是來到了一間大學的研究室。

「神經科學相關的書似乎挺多的。」

史考特沒回應我的話，只是逕自以輕鬆緩慢的動作，將茶壺裡的綠茶倒進桌上的兩個茶杯裡。不知是不是因爲我是日本人，所以才特意這麼做。

「這是以前在日本買的，這可是我的最愛喔。」

他邊說邊把茶杯移往嘴邊，在吞下茶水時，喉結詭異地動了一下。

他的脖子讓人聯想到拔了毛的雞，大餅臉配上一對大眼珠，雖然頭髮稀疏但看得出來頭很大，腦部很發達。再重新觀察一次便會發現，他是個外表十分奇特的老人，令我不知不覺想起小時候看過的妖怪圖鑑裡的插圖。

「……話說，妳到底為什麼這麼怕老啊？」

這位老先生真的是很煩人。一半是覺得累了，另一半則是站在被邀請的立場，看來也只能配合著聊下去。

「可能受到我媽的影響很大吧。」我回答。「她在日本是個有點名氣的女演員，而在家裡就是個『抗衰老惡魔』。我想任何人看著那樣的媽媽，在她跟前長大，肯定都會怕老。」

「喔，是因為亞希子的女兒啊……原來如此，這也難怪了。」

史考特用他皺巴巴的笑臉點了點頭。

「臉上出現皺紋而且皮膚鬆弛、頭髮變白、腰和腿都變得無力、眼睛和耳朵也不靈光，在不知不覺中記憶力不斷減退，有些人甚至連自己是誰都忘了。就這樣逐漸爲周遭所疏遠，不被任何人關注，孤獨地死去……我覺得年齡增長眞的一點好處也沒有。

但美羽妳們這一代人眞的很辛苦。根據某項統計，日本人的平均壽命，今後也預計將以每10年延長近1歲的速度增加呢■01。換言之，美羽妳到了80歲的時候，日本人的平均壽命恐怕已超過90歲了。今後有那麼長的一段時間都必須和妳最討厭的『老』一起度過，唉呀呀……」

注意到我沮喪表情的史考特，趕忙接著補充。

「我開玩笑的啦。不過，今天難得有機會請妳來喝茶聊天，就當是回禮好了，讓我傳授妳克服『老化焦慮』的關鍵技巧。

話雖然說得這麼神秘，但其實很簡單，關鍵就在於『要瞭解對手』。人在產生焦慮情緒時，其中必定存在對於對象的無知。正因爲不知道變老是怎麼一回事，對老化的恐懼才會被放大。坊間的抗衰老，都不管『衰老爲何物』，就只是一昧地教人逃避衰老。所以眞正的抗衰老，要從年老的科學化開始。」

Google為何投入「老化研究」？

當我將視線上移，便發現史考特的眼睛彷彿獨立生物般，將我射穿，和先前矮小老人的印象完全不同。

「年老的……科學，化？」

「沒錯。老化（Aging），是現在最熱門的科學主題之一。而近年來的一個突破點，要歸功於加州大學的伊莉莎白・布雷克本等人，她們還因此於二〇〇九年獲頒諾貝爾生理學暨醫學獎。

老化的熱門，絕對不是只在學術領域。Google的共同創辦人拉里・佩奇（Larry Page）於二〇一三年投注巨額資金，成立了名爲『Calico』的企業。這間公司專做老化及相關疾病的基礎研究，而擔任該公司CSO（Chief Scientific Officer，首席科學長）的戴維・博特斯坦（David Botstein），便在追尋老化細胞的特徵■[02]。

可稱得上是Calico的競爭對手的，是非營利的SENS研究基金會。不只是延緩老化而已，他們甚至還提出了讓人恢復年輕的科學方法呢[03]。擔任該基金會CSO的遺傳學家奧布里・德格雷博士甚至在紀錄片「The Immortalists」中大膽斷言，『老化是一種疾病』、『長生不老非夢事』。根據他的說法，在現在60幾歲的人之中，已經有人能夠活到一千歲[04]。

有趣的是，已有許多來自創業家、投資者等的資金流入老化科學，其理由有二：一是老化研究的持續期間很長，故無法指望公共研究經費的援助；而另一理由則是，這是和人類長久以來的夢想「長生不老」有關的主題。投入大量資金於SENS等組織的PayPal創始人彼得・提爾，真的對實現長生不老充滿熱情，而甲骨文（Oracle）公司的創始人賴瑞・艾利森、Facebook的馬克・祖克柏，也都對老化研究表現出強烈興趣。」

面對以如宏氣勢滔滔不絕地講了這一大段的史考特，我完全被震懾住了。

諾貝爾獎、Google、彼得・提爾……這樣聽來，不禁讓人覺得「老化」確實是對現代人來說，最先進的關切主題。

沒想到，與老化有關的科學竟然已經進步到這種程度……我開始對自己致力於開發「厄爾畢斯II」，以挑起人們對老化的恐懼這件事感到羞愧。

老會「傳染」——細胞衰老與海佛烈克極限

「那麼，現在先讓我們來瞭解一般的老化機制。」

無視於我的目瞪口呆，史考特站了起來，繼續「講課」。

沒錯，簡直就像是老師在上課。本來以爲只是來和「色老頭」瞎聊一下而已，沒想到不知不覺，我已深深地被他的話所吸引。

「就拿美羽妳最討厭的『皮膚老化』來說吧。沒錯，人上了年紀，皮膚就會出現皺紋、失去彈性，變得越來越鬆弛。但妳知道爲什麼嗎？

皮膚的表皮細胞會不斷反覆分裂，藉此讓皮膚保持年輕。但其中部分細胞終究會失去原本的功能，不再繼續分裂，這就是所謂的細胞衰老（Cellular Senescence）。而體細胞會變化爲老化細胞，有各式各樣的原因。例如：我們藉由呼吸攝入的氧氣，實際上是被細胞消耗掉了，而細胞消耗氧氣時會產生名爲自由基的物質，目前已知這會造成損傷（氧化壓力），讓細胞陷入衰老狀態。除此之外，DNA缺陷、粒線體功能障礙、紫外線及化學物質等各式各樣的因素加在一起，也都會導致體細胞的老化。

而且最麻煩的是，這樣的老化會『傳染』。因爲累積了許多廢物及脂褐素（Lipofuscin）等垃圾的老化細胞，會釋出所謂的SASP（Senescence-associated Secretory Phenotype，衰老相關的分泌型態）發炎物質，進而促進周圍體細胞的老化。也就是說，在不僅限於部分身體部位而是全身一起衰老的背景情境中，存在有這種屬於細胞層次的機制。」

這時我的腦海中浮現了許多橘子塞滿紙箱的畫面。只要有一顆發霉，霉菌很快就會蔓延到周圍的橘子。看來類似的現象，正發生在我的細胞上呢。

「……這麼說來，只要能有效避免引發體細胞老化的壓力，就能保持肌膚年輕囉？」

我總算有餘裕能提出問題了。

「從某種意義上來說，正是如此，但實際上，事情沒有這麼簡單。畢竟體細胞能夠分裂的次數也是有極限的，這個次數叫海佛烈克極限（Hayflick limit）。據說，人類的極限是最多分裂50次左右。

有趣的是，這在其他生物上有例外。根據發現海佛烈克極限的李奧納多．海佛烈克（Leonard Hayflick）的說法，鱘魚及非洲鱷魚等的體細胞似乎沒有分裂次數的限制■05。也許有人會因此想要下輩子轉世爲鱘魚或鱷魚也說不定……」

又來了，眞是毒舌。我想他應該不知道日文裡有所謂「鯊魚皮*」的說法吧……

「即將到達分裂極限的細胞會怎樣呢？」

「幾乎都成了老化細胞，不久便會死亡。包括人類在內，生物的體細胞

＊注：鯊魚皮（サメ肌），用來形容皮膚上一粒一粒的粗糙樣貌。

一開始就已被編入程式，會終結自己的生命。這樣的自我死亡機制稱爲細胞凋亡（Aoptosis）。雖然不知是誰決定的，但這就是所謂的宿命吧。」

為何明明年齡相同，「有些人老」卻也「有些人還年輕」？——端粒

「……史考特，今天謝謝你喔。怎麼說……真是很有趣的課程呢。多虧了你，我才終於瞭解老化的『眞面目』。」

話雖如此，但老化終究是不可能避免的。心存期待的我實在是太蠢了。我一邊這麼想著，一邊伸手去拿放在一旁的包包。

「等等，我話還沒說完呢。現在要登場的是諾貝爾獎級的大發現，長壽基因！」

「欸？」

正打算起身的我，這會兒又坐回了椅子上。

「長，長壽基因……？」

「妳不覺得奇怪嗎？人的海佛烈克極限幾乎都一樣，但為什麼有些人老得快，有些人卻一直都顯得很年輕？也就是說，到底是怎樣的機制加快或延緩了細胞死亡及細胞老化的速度？」

「就是長壽基因？」

「沒錯。我想妳應該知道，我們的基因都裝在名為染色體的容器中，而染色體末端有個套子，這個套子的『長度』左右了細胞的壽命與老化。此末端結構被稱做『端粒』。隨著細胞一再分裂，染色體的端粒就會越縮越短。簡言之，端粒縮短到極限的狀態，便可視為是海佛烈克極限。

還有剛剛提到暴露於SASP之類發炎物質的細胞，其端粒會縮短這點，也已獲得證實。比較兒童和老人的體細胞，老人的端粒明顯較短。所以預防細胞老化、實現長壽，幾乎就等同於保持端粒的長度。」

「染色體聽起來好像鞋帶喔，接在末端的小塑膠套就是端粒。感覺就像那個套子漸漸變短，最後鞋帶便會散掉一樣。」

「喔，很不錯喔！發現端粒的布雷克本等人也是用了同樣的比喻呢[06]」

65歲的端粒會縮短到「嬰兒的一半以下」？

——端粒酶

「重點在於，端粒的縮短速度爲何會出現個人差異，對吧？」

「是的。正因如此，名爲端粒酶的酵素才引起了人們的注意。端粒酶是負責修復因細胞分裂而失去的端粒。簡單來說，端粒酶分泌得越多，端粒就越能維持長度。

我剛剛說過，細胞分裂是有次數限制的，但其實爲皮膚、骨骼、神經等

端粒會縮短到什麼程度？

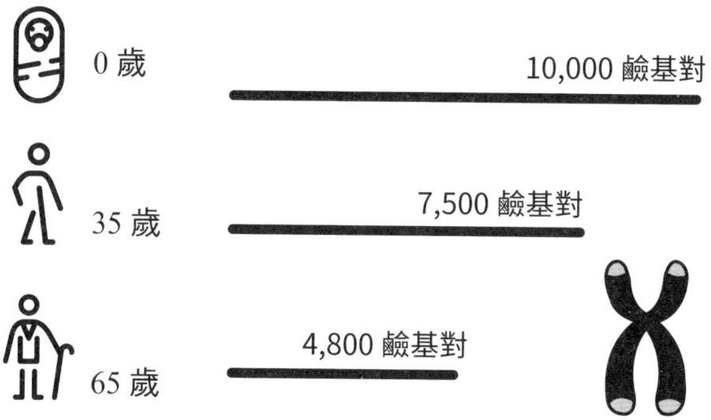

細胞（已分化細胞）之基礎的幹細胞，能夠半永久性地分裂。幹細胞正是因爲端粒酶的分泌十分充足，所以能夠保持其端粒的長度。」

端粒與修復端粒的酵素……年過35的我，我的端粒也免不了已經變短了嗎？而人稱「美魔女」的母親，她細胞裡的端粒眞的還是很長嗎？

「端粒雖然也被稱做『長壽基因』，但嚴格說來，它既非細胞也非基因，它是染色體的一部分，不過是和基因一樣的DNA序列罷了。但相對於一般基因是由腺嘌呤（Adenine，A）、胸腺嘧啶（Thymine，T）、鳥嘌呤

（Guanine，G）、胞嘧啶（Cytosine，C）的各種組合所構成，端粒的特徵，則是一直重複TTAGGG的核酸序列。另外補充一下，這個不斷重複的TTAGGG，一般認爲在新生兒身上約爲1萬鹼基對、35歲約爲7千5百對、65歲約爲4千8百對。■07」

我有留意到，講到「35歲」時，史考特瞄了我一眼。也就是說，我的端粒恐怕已經縮短到新生兒的4分之3左右了啊！

「……這麼說來，讓端粒酶好好發揮作用，可說就是基於目前科學的最佳抗衰老術!?」

「正是如此。實際上也有研究結果指出，人的容貌與端粒的長度相關，看起來年輕的人，往往端粒較長呢■08。說得稍微極端點，端粒酶不僅能延緩、防止端粒縮短，甚至還能使其時鐘的指針倒轉。簡直就是一種『回春酵素』呢。」

一聽到「回春」兩字，我便不由自主地屏住了呼吸。

端粒的護理，對「健康」而言也是必不可少

——健康年齡與疾病年齡

「端粒的長度與壽命的長度相關。就某種意義而言，端粒就是壽命的指標。」

這讓我想起了外婆。一向很有活力的外婆，之所以突然急遽老化，終究是因為端粒持續縮短的關係嗎？

「對於壽命這碼子事，千萬別誤解了才好。很多人以為『壽命延長＝活得長久』，這其中只存在有『能把死亡延後多少』的觀點。但人再怎麼長壽，如果患有疾病，為痛苦所折磨，一直臥床不起的話，妳覺得如何？」

「可能是因為我還年輕的關係，我會覺得與其那樣拖拖拉拉地賴活著，還不如在哪裡突然生了個什麼病，就這樣死翹翹還比較好。」

「也就是說，認真想想，人們真正想要的是健康年齡的長度，亦即希望健康壽命能延長。」

「健康年齡？」

「沒錯，就是沒生病，能夠維持著健康狀態的年齡。以日本人的健康年齡而言，男性平均爲81．25歲，女性平均爲87．32歲（二〇一八年*），相對地疾病年齡則平均爲10年左右■09。」

「欸？所以平均來說，死之前的10年都在生病？」

「而且據說，我們表面上的壽命今後還會持續增加。根據暢銷書《Life Shift》的說法，二〇〇七年出生的日本孩童，有50％的機率會活到107歲■10。眞的就是所謂的人生百年時代了呢。

不管怎樣，關鍵都還是在端粒。甚至有日本的資料指出，端粒越長的人，有動脈硬化問題的就越少■11。亦即藉由延緩細胞老化，人就比較不容易罹患糖尿病、癌症、心臟病等慢性病。一言以蔽之，端粒不僅與壽命有關，也與健康年齡相關。只要端粒長，能夠健康地活著的期間也會比較長。因此，在壽命不斷延長的現代，『端粒的護理』是人們所無法避免的。」

＊　＊　＊

「能夠預防細胞老化，並帶來年輕的外表和健康的身體……這麼夢幻的秘密竟然就藏在我們染色體的末端……不知為何，令人覺得好感動喔。」

我是眞心這麼覺得，一開始只打算隨便聊聊的想法早已煙消雲散。

「是啊。這個『長壽基因』眞的是一大發現，其中甚至還潛藏了達成人類長生不老這一終極願望的可能性呢。不過……美羽妳從剛剛到現在，擔心的似乎一直都只有『身體』的衰老，那這裡的呢？」

他說完，用手指頭指了指自己的頭。

「你是指，腦袋的老化……？」

「舉例來說，和20幾歲時相比，妳有沒有覺得自己的專注力和記憶力都變差了？」

史考特面帶微笑地戳中我的痛處。他說得沒錯。以前可以連續好幾個小

＊注：二〇一八年，台灣人平均壽命男性77.55歲、女性84.05歲。

時專注於工作，最近卻很容易恍神。上班時之所以容易分心，被阿聰甩掉似乎不是唯一理由。

「腦細胞也有端粒嗎？」

「當然有！而且端粒的縮短也與腦細胞的老化直接相關。也曾有報告指出，端粒長的人，記憶力也好■12。只要能維持腦細胞的端粒，使年齡增長，人依舊能夠保持腦袋清楚、敏銳。」

此時，第一個浮現我腦海的，還是外婆，她顯然是出現了阿茲海默症的症狀。

明明出發前跟她聯絡過說：「我現在要去看妳。」但當我抵達時，她卻已經忘得一乾二淨了。而且昨天即使我已走到她身邊，在卡爾文開口跟她說話之前，她都沒注意到我。不只是記憶力，整體認知功能似乎也都衰退了。

若能修復她的端粒，說不定就……

「史考特，有沒有什麼辦法可以阻止腦部的老化？有的話請告訴我！」

老人似乎已讀出了我的心思，他又再度發出高亢的詭異笑聲。

「這個嘛……別急，別急。我能體會妳很想做點什麼的心情……但今天就先到此爲止吧。」

他說完，便從搖椅上站起來，走到房間後面的床上躺下。

「……啊？爲，爲什麼？」

「當然是因爲……我累了嘛！不要太勉強老人家。」

對於我的問題，他閉著眼睛回答說。

「…………！」

我完全說不出話來。

這位老先生找人來陪他閒聊，聊著聊著，突然說：「我累了。」然後就睡起午覺。

這實在是……就是因為這樣，所以我才討厭老人！

「下禮拜五同一時間再見囉。」

就這樣，我決定入住「永恆之家」，著實讓管理人卡爾文大吃一驚就是了……

之後，我每週都到史考特的房間報到，學習以科學爲基礎的終極抗衰老知識。

這趟美國之旅，突然開始轉往出乎意料的方向。

Lecture 2

人腦就是這樣逐漸「退化」的

——β澱粉樣蛋白與大腦的可塑性——

耶魯班車在暮色中奔馳，秋風宜人。

我的選擇果然是對的——

在「永恆之家」附近的紐哈芬市，有間耶魯大學。得知外婆住進老人院一事後，我恰巧發現這間大學正在招募企業研究員，於是便抱著姑且一試的心態提出了申請。

耶魯大學名列「長春藤盟校」之一，是美國數一數二的名校。雖然沒有懷抱任何希望，但很幸運地，竟然收到了申請獲准的答覆，於是我就這樣來到了美國。

其實，這也正是我請進修假原本的目的。

在耶魯大學裡，例如：光以語言課程來說，從Akkadian（阿卡德語：古代美索不達米亞地區使用的語言）到isiZulu（祖魯語：於南非共和國等地使用的語言），總共就開設了40多種語言課程。這可說是聚集了來自世界各地的學生及研究者的證據。儘管紐哈芬的街道絕對算不上是熱鬧繁華，但卻充滿了世界頂尖知識份子們安靜的熱情。

以研究員身分參觀即將隸屬的研究室時，我受到了成員們的熱烈歡迎。打過招呼、拜完碼頭後，我坐上繞行校內的免費巴士「耶魯班車」，在對今後的生活感到滿心雀躍的同時，對外婆的擔憂卻也開始在腦袋裡轉個不停。

外婆的樣子已經徹底改變，雖然沒有像那天剛見到時那麼糟了，但外婆果然還是有點腦袋不太清楚。交談對話沒什麼問題，不過偶爾還會出現牛頭不對馬嘴的現象。

是不是再怎麼聰明的人，上了年紀也還是會變成那樣呢？

或許是對執著於外在的母親的反抗，不知不覺地，也繼承了具豐富感性與明晰知性的外婆的DNA這點，成了我唯一的驕傲。

「我不想成爲沒有內在的人啊！但沒關係，畢竟我的身體裡也流著Nana（外婆）的血！」

對一直以來都這樣鼓舞自己的我來說，外婆的腦袋明顯老化這一事實，簡直就像是地面突然裂成兩半般的重大打擊。

「腦的退化」打從20幾歲就已開始

「人腦也是由細胞所構成，而且就像我上次解釋過的，所謂的老化（Aging），其實就是細胞的衰老（Senescence）。換句話說，在意身體老化的人，很可能腦細胞的端粒也逐漸縮短，大腦已經開始老化！」

隨隨便便地打個招呼後，史考特就開始講課了。

住進「永恆之家」的我，依約於距離上次上課後一週的星期五，也就是今天，來到史考特的房間。他一臉滿意地又泡起日本茶，緊接著便氣勢驚人地開始說起話來。

「我的腦袋到時候也一樣會老化，是吧……」

「妳把事情想得太簡單了！」

史考特有點高興地搖了搖頭。這老頭不管看幾次，都令人覺得他外表實在是很獨特。

「有資料指出，人腦有某些功能會在20幾歲時到達顛峰[13]。從25到35歲左右，記憶力或是處理未知的複雜資料的速度等部分，也會開始有降低的現象[14]。在注意力、控制力、問題解決能力、靈活度等方面，大腦功能的減低很早就能觀察得到。

40幾歲，喔不，甚至在40歲之前，就已有不少人出現稍稍健忘的跡象。據說在大規模的追蹤研究中發現，理解並掌握模式及原理等方面的智力，也是從40歲開始減低[15]。」

三人中有一人死於「腦的老化」的時代

「老實說，我的確有感覺到……」

當我如此回應，史考特便大大地點了個頭。

「即使是在美羽妳這樣的年齡，也很可能發生大腦細胞的更換（Turnover）週期延緩、細胞內部發炎、廢物堆積等現象。畢竟腦和身體都同樣是由細胞構成，基本的機制是一樣的。」

正如史考特所指出的，以往我都只注意到「身體的老化」；但「腦的老化」也同樣重要，有時甚至還更爲重要。尤其在親眼目睹了外婆的變化後，我對這點有格外深切的感受。

「現在身體方面的醫療相當進步，很多疾病都能治好。然而，關於腦的部分，還未確立治療方法的疾病可說是堆積如山啊。

例如：妳知道根據推測，二〇二五年日本的失智症患者人數將超七百萬人嗎？還有，伴隨腦部老化的最嚴重問題，就是阿茲海默症。在這長壽社會中，阻礙了人們維持健康壽命的阿茲海默症，近來也正不斷迅速增加。自二〇〇〇年以來，在美國因心臟病死亡的人減少了14％，但因阿茲海默症死亡的卻增加了89％。至今，這種疾病仍未有可確實根治的治療方法■16。

現在美國已進入每三名老人中就有一人死於阿茲海默症或失智症的時代。據說，花在失智症的醫療及看護等費用總額，也已達到每年2770億美元的規模■17。」

「廢物」是腦內迴路失靈的原因
——β澱粉樣蛋白（Beta-amyloid）與濤蛋白（Tau proteins）

「和身體一樣，在大腦方面，難道沒有什麼辦法可以阻止它老化、讓它回春嗎？」

當我提出這問題時，史考特的眼睛閃耀出光芒，並且伸出了他的食指。

「嗯。當然有辦法。而且還不是什麼毫無根據的可疑方法，而是在科學上確實合理的方法呢。不過，爲了讓妳能充分理解，今天我想先聊聊『腦部老化時的機制』。可以嗎？」

這老頭的反覆無常，早在上一次的課程中就已獲得證實。等等搞不好他又會突然丟下一句「我累了」什麼的，然後就躺上床開始睡覺也說不定。莫可奈何的我，也只好順著他了。

「人腦就像精密機械般，是一種很複雜的器官。若把大腦比做電腦，那麼，主機板上無數多的電路模式就相當於神經細胞（Neuron）。如果不斷地使用大腦，則神經細胞和神經細胞間的連接處（突觸，Synapse），就會累積各式各樣的廢物。其中最具代表性的，就是由神經細胞表面的蛋白質所產生的β澱粉樣蛋白。據說，此物質早在50歲之前便開始在腦內累積■[18]。

名爲β澱粉樣蛋白的這種雜質，在年輕時會被依序分解並徹底清除。而睡眠具有洗去這些廢物的作用，所以睡得好是很重要的。不過基於某種原因，這個β澱粉樣蛋白的累積量會超過一定的界線。

實際上，以顯微鏡觀察老人的大腦，便會看見被稱做老人斑的褐色汙漬，據說這些汙漬大部分都是β澱粉樣蛋白。健康老人的大腦有25～30％能觀察到β澱粉樣蛋白的累積，有輕度認知障礙的人（雖然不到阿茲海默症的程度，但有相對於其年齡記憶力偏低的症狀）約60％，而阿茲海默症患者則有高達90％都累積了這種雜質。」

「九，九成都有雜質……的確，很難想像這種大腦有辦法好好運作。」

一想到外婆的腦袋裡累積了大量廢物，我就覺得心好痛。

史考特很帶勁地講了一大堆我不知道的知識。講課時的他，就像是變了個人般，和平常截然不同。

「還有一種備受矚目的腦內廢物，是名爲濤（Tau）的蛋白質。通常濤蛋白是負責調整神經細胞的形狀，但當神經細胞死去，就只有包含濤蛋白的骨架會殘留下來而成爲雜質（神經細胞纖維化）。由於濤蛋白的累積比β澱粉樣蛋白的累積晚了約15年，故也有人認爲β澱粉樣蛋白才是較根本的原因[19]。但不管怎樣，這類廢物所引發的大腦功能障礙，無疑正是腦部的老化現象。」

50歲和90歲，腦的重量差了150公克

——人腦是會萎縮的

「堆滿廢物的腦無法正常運作這點我可以想像，不過，大腦累積雜質和

腦部運作出現問題這兩者，實際上是怎麼連在一起的呢？」

「問得好，美羽！」

老先生的眼睛益發明亮。

「人腦隨著老化，會漸漸失去判斷力、思考力、計算力、理解力、處理速度等綜合認知功能。但阿茲海默症等疾病最明顯的症狀，主要還是在於記憶力的降低。只不過記憶也分很多種。記人名之類的就不用說了，還有記得『外出時，是否有把大門鎖上』的情節記憶（Episodic Memory），甚至是買東西時，心算該找多少錢所需的記憶（工作記憶，Working Memory）……這些功能全都會因老化而變差。

爲什麼腦部的廢物累積會導致大腦功能變差呢？簡單以一句話來回答就是，因爲雜質的累積會造成神經細胞死亡，進而引發大腦的萎縮。」

「……會萎縮這麼多喔？」

「是的。比較50歲的腦和90歲的腦，可發現重量平均差了11%（約150公克）。據說，相對於健康老人的腦以每年0.5%的速度萎縮，阿茲海默症患者

50歲和90歲的「大腦差在哪裡」？

90歲的腦
50歲的腦
重量竟然差了
約150公克!!
以阿茲海默症來說，
大腦每年都會萎縮0.9%

大腦會隨著老化而不斷萎縮

則是每年萎縮0.9%[20]。」

聽到這個，我的腦海突然浮現擺在超市裡賣的150公克裝肉品。

「這也未免差太多了！」

「神經細胞一般是不分裂的。但由於體積大、能量消耗也大，若沒有充分地好好照顧，很容易就死翹翹。」

「喔，這個我好像有聽過。腦細胞一旦死了就不會再長出來。」

「這說法只有部分正確，部分是錯的。因爲其實腦內也有幹細胞存在，目前已知是會生出新細胞的。例如：以掌管記憶聞名的部位海馬迴，便存在有幹細胞。可是，一旦廢物累積得太多、太嚴重，細胞死亡的速度就會贏過新細胞生成的速度，於是大腦便會不斷萎縮[21]。

不過，腦變小這件事並不完全等同於大腦功能降低，因爲大腦的功能不只有取決於其大小，而是牽涉到腦內的神經傳導物質及網絡的狀況等許多複雜因素[22]。」

「學不了新東西的腦袋」其雜質堆積於何處？

「目前已知，依據大腦部位不同，其雜質的累積方式及萎縮速度等也會有所不同。例如：β澱粉樣蛋白是從外側的大腦皮層往內部的海馬迴逐漸增加，而濤蛋白則相反，是從海馬迴往整個大腦擴散。

即使是記憶力沒問題的70歲老人，也有三分之一可觀察到相當程度的β

澱粉樣蛋白累積。因此，也有必要注意『廢物的累積』並不一定單純等於『記憶與認知障礙』這點。」

「換句話說，就是依據『怎樣的雜質、在何處、累積了多少』等狀況不同，造成的結果也會大不相同，是嗎？」

爲了要跟得上他的解說，我可是拼了命地讓腦袋全速運作。

史考特滿意地點了點頭。

「雖然我們在阿茲海默症患者的顳葉與頂葉、後扣帶皮層，還有後來在額葉都觀察到了β澱粉樣蛋白的累積，但據說和記憶功能更爲相關的，可能是濤蛋白的累積。

濤蛋白累積的主戰場，在於海馬迴及其周邊的顳葉，海馬迴所負責的短期記憶（從幾分鐘到幾天程度的記憶，也包括情節記憶）會因此遭受損害。另外，更短期的所謂瞬間記憶用的是額葉與頂葉，而與過去曾發生的事有關的長期記憶（遠期記憶）功能，則是儲存在顳葉及大腦皮層的各處，故相對較能保持■[23]。但隨著病情的發展、惡化，濤蛋白的累積逐漸擴散至顳葉、頂葉，再到整個大腦皮層，腦部功能便會開始全面崩壞■[24]。」

一口氣解說至此，他拿起手邊的綠茶啜了一口。我也跟著喝了一口茶。

「……人類對於腦部老化的機制，竟然已經瞭解到這種程度……說實在，眞是令人驚訝。」

「自從有技術能夠測量腦內廢物後，這些會造成腦部老化的廢物便開始受到矚目。其中最具代表性的，就是名爲PET（Positron Emission Tomography，正電子放射斷層攝影），簡稱『正子造影』的影像檢查。來，給妳看個有趣的東西。」

史考特操作起手邊的平板電腦，叫出了一段影片。影片中的大腦斷層影像一開始呈現爲紫色，接著有幾個部分的顏色逐漸改變，黃色和紅色部分越來越多■[25]。

「世上有所謂家族遺傳型的早發性阿茲海默症存在，亦即有些人具有發病率100％的基因型（APOEε4）。這段影片，就是由這些遺傳性阿茲海默症患者發病前25年到發病後10年間，共35年的腦部影像所連接而成。顏色改變的部分，便是β澱粉樣蛋白明顯累積的部分。」

年紀輕輕腦袋就「退化」的人們——自噬與端粒縮短

「哇，好驚人！……所以說，只要像這樣檢查β澱粉樣蛋白的堆積狀況，就能夠預防阿茲海默症囉？」

「理論上是這樣，但實際上PET是一種相當昂貴的檢查方式，即使在美國也尚未普及至臨床使用，更何況未知的部分還很多。就連腦內爲何會累積這些雜質這麼基本的問題，都還稱不上已經充分理解。是因爲分解雜質的酵素的問題？還是由其他機制所導致？因素似乎不只一個。身爲阿茲海默症治療專家的美國醫師戴爾・布雷德森（Dale E. Bredesen）便認爲，至少有36個因素與此相關■[26]。

以日本人來說，大隅良典這個名字妳應該有聽過吧。他因爲釐清了細胞內的廢物清除系統，亦即所謂的自噬機制，而於二〇一六年獲得了諾貝爾生理學暨醫學獎。累積於細胞內的蛋白質，是由名爲溶酶體（Lysosomes）的細胞器負責分解，而一般認爲或許當這部分發生異常時，雜質就會堆積，細胞便開始衰老■27。」

細胞衰老！這是在上週課程中也有出現過的關鍵詞。

「大腦的老化，是不是也和那個所謂的長壽基因——端粒有關呢？」

腦中突然閃過「這麼說來……」的我，對史考特提出了一個疑問。

不知不覺我變得越來越認眞，身體的老化或許多少能蒙混過去，但腦部的老化可就沒辦法了。

「當然是大有關係啊。實際上，在年輕時就出現認知功能下降的人身上，已觀察到了端粒縮短的傾向■28。此外，一項以二千名居住在德州達拉斯市的人爲對象的腦部影像調查發現，越是端粒短的人，表示其腦部已開始萎縮，而且尺寸縮小的都是海馬迴、杏仁核、顳葉、頂葉等阿茲海默症會萎縮的部位。由此可見，端粒的長度很可能和腦的老化，甚至是阿茲海默症的發病大有關聯■[29]。」

「什麼？竟然調查了多達二千人的腦細胞端粒？」

「喔不，這項調查用的是白血球。因爲血液細胞的端粒長度，被認爲是瞭解人體整體端粒長度的指標。話雖如此，但端粒的長短與阿茲海默症的容易罹患程度，也已被指出在基因的層次上的關聯性。例如：TERT（端粒酶逆轉錄酶）基因或是名爲OBFC1的特定基因類型，都可能會縮短端粒。而具有這些基因類型的人，在統計上也觀察到有較高的阿茲海默症罹患率■[30]。」

「成年人的腦袋不會成長」其實是騙人

——大腦的可塑性與深層學習

「這也未免太慘了。我曾聽說成年人的腦袋和孩子不同，在某個程度上一旦到達顚峰，之後就只會一路衰退。身體的老化多少能做到一定程度的保養，但大腦卻只會不斷老去……實在是太絕望了！」

聽了我這段話後，史考特長長地吐了一口氣，陷入沉默。

雖說被大腦科學課程連續不斷地猛擊確實相當累人，但像這樣突然安靜下來，也有其令人困擾之處。

「……聽好了，美羽，」老人緩緩地再次開口。「現在世上頂尖的優秀研究者們，依舊每天致力於釐清腦部的老化機制。相關科學數據的累積極爲可觀，由此我們已得知一件重要的事，那就是——**即使上了年紀，腦袋仍能持續成長。**」

「欸？眞的嗎？和我聽過的說法差很多吔……。我一直以爲大腦的成長和身高類似，就是到了某個時間點便會突然停住……」

「的確，『大腦不會成長』這種觀念，不知爲何似乎在世界各地都相當普及。但實際上，人腦具有改變自己的強大潛力，即使受傷導致部分損壞，爲了彌補該部分的功能，有時甚至會在完全不同的部位另外產生新的迴路。

比起開固定路線的公車司機，以熟知複雜路線聞名的倫敦計程車司機的海馬迴更爲發達，而在具雙語能力的人及音樂家等以特殊方式用腦的人的大腦中，也觀察到了獨特的變化[31]。甚至還有實例顯示，持續運動一段期間的老人，其海馬迴的體積便有所增加喔[32]。

簡言之，『上了年紀，大腦便不再成長』的說法，完全是毫無根據的道聽塗說。不論到了幾歲，人都能透過學習和記憶來讓自己的大腦成長。因此，腦會不會成長，終究取決於是否有爲此採取適當行動，又或是什麼都不做，就任由它老化。」

「原來如此……沒想到成年人的腦其實也是『努力就會有回報』的呢。」

「是啊。這就叫大腦的可塑性（Plasticity）。『人老了，腦袋就只會退化』不過是一種刻板印象，是由人類有限的經驗及知識所創造出來的認知。

海馬迴的神經細胞一旦受到反覆刺激，其訊息傳遞能力便會獲得強化，神經細胞的形狀會改變，連結會增加。這正是所謂記憶的一般機制（長期增強效應）。不過，發生在腦內的物理變化其實不只有這樣而已。例如：當人發生腦梗塞時，其腦內倖存的神經細胞便會加強、升級，爲了彌補受損的大腦功能而改變形狀。這也算是可塑性的一種發揮呢■[33]。」

「『大腦具有可塑性』啊……不知爲何，聽起來好令人熱血沸騰呢！換句話說就是，人腦和電腦不同，對吧？」

「也不盡然，因爲最近機器的腦也是會不斷成長。圍棋也好，日本象棋也罷，如果ＡＩ（Artificial Intelligence，人工智慧）在學習任何東西時都要一一由人來編寫程式的話，必定會有其限制，於是便出現了由ＡＩ自行基於大量資料來進行學習的，所謂深度學習（Deep Learning）技術■[34]。

ＡＩ的深度學習，和人類腦細胞形成新連結並不斷發展的過程相當類似。以我們人的大腦來說，即使是未經本人主動、有意識地加以連結的過去經驗及資訊等，也可能在不知不覺中於某處產生連結、學習，進而變成新的能力。不管到了幾歲，大腦都擁有這種『學習的力量』。因此，完全沒有必要放棄！」

「所以說，就算端粒變短了，也還是有辦法改善囉？」

當我這麼一問，史考特便露出了笑容，兩顆眼珠子再次閃耀出光輝。

「沒錯，的確有辦法可以阻止端粒縮短，讓它恢復到原本的長度。沒必要急著做出『大腦的老化不可逆』這種判斷。能做的努力有無數多，而且並不是那麼困難。」

＊　＊　＊

「呼——，今天講太多複雜難搞的東西了。」史考特以一副突然回過神來的表情說道。「一旦面對優秀的學生，話就忍不住越講越多呢。」

在臉上浮現些許害羞表情的同時，他又發出了一貫的詭異笑聲。

這時窗外已是一片黑暗，時鐘顯示已過了22點。或許是獲得了大量新刺激的關係，我的腦袋緩緩地爲一股愜意的疲勞感所包圍。

離開史考特的房間後，當我從長者樓走過「冥河」通道，往青年樓前進時，卡爾文正好迎面而來。

「嘿，美羽，看來妳已經很熟悉『永恆之家』了。聽說妳都會去陪史考特聊天。那位老先生話很多，陪到這麼晚，很累吧？妳可別太勉強啊。」

卡爾文總是這麼體貼。

「不會啦。其實反而比較像是我請他幫我上課呢。」

我搖搖頭回答。

「是喔？畢竟他是高知識份子，能和妳聊得來也不奇怪。」

卡爾文的這番話讓我想起，就快淹沒史考特房間的那些大量書籍。

「……卡爾文，讓我順便問問，他到底是什麼來頭啊？」

「欸？我沒跟妳說過嗎？他過去一直在耶魯大學研究大腦科學，在該領域似乎是相當有名的學者喔。妳也是耶魯研究員嘛，還眞是挺奇特的緣分呢。」

對於我的疑問，卡爾文先是露出一臉意外的表情，接著才回答。

Lecture 3

與「認知」有關的老化科學

——困擾著現代人的「恐老症」的真面目——

明明是十月份，我們兩人卻坐在「永恆之家」老人院的休閒娛樂室，微微地出著汗。

「呼、呼……累死我了——」

我氣喘吁吁，但史考特卻是一臉滿足的樣子。

當我依照約定的時間到達史考特房間，他馬上就提議：**今天我們一起去騎騎腳踏車吧**。

仔細一看，史考特早已穿上全套的運動衣褲。據他說，這可是知名品牌的最新設計款呢。雖是看來很不像老人的粉紅色服裝，但穿在小個子的史考特身上卻非常合適。

一走出大門，就看到前所未見的特殊腳踏車已停放在那兒，這腳踏車有兩個座位並排，而且各有一個把手。

「感受一下風，很舒服吧？」

我們大概在老人院附近騎了快1小時，但我覺得似乎只有我在踩踏板。

「……欸，史考特，腳踏車和老化到底有什麼關聯性啊？天啊，我真的好累喔！」

「啥？腳踏車和老化？哪會有什麼關聯性啊。只是因為上次講的內容太難了點，所以我想說這次先來運動一下，讓妳重振精神並放鬆後，再來聽我講課。」

「什麼？竟然沒關聯!?」

眞是的，幹嘛不一開始就說清楚……其實只是想讓我看看這獨樹一格的腳踏車吧！

「……附，附帶一提，聽說俄國的大文豪托爾斯泰是到了67歲才學會騎腳踏車的喔。」或許是注意到了我冰冷的視線，史考特故意若無其事地繼續說。「……到目前為止，我都在解說身體和大腦的老化機制，不過，理論的部分讓我們就此打住，接下來……」

「欸？終於要講到預防老化的方法了嗎？我等好久了呢！」

我開心得忘了疲累，不由自主地展露出笑容。

畢竟是曾在耶魯大學研究最先進大腦科學的人物，要教我在科學上最確實可靠的抗衰老方法呢。

「我說妳啊！別高興得太早。預防身體和大腦衰老的方法，我下次再講，在那之前還有個重點要聊。那就是該如何面對衰老，亦即所謂『心態』的問題。」

為什麼現代人越來越討厭「老」

——恐老症的真實面貌

「老是醜陋的——美羽，妳有說過妳是這麼想的，對吧？」

……又是這個問題。

「……嗯，我是這麼想的。」

雖然我對這老頭的囉唆已感到十分厭煩，但不會像之前那樣動怒了，這

日本的老年人口與老化率呈現怎樣的變化趨勢？

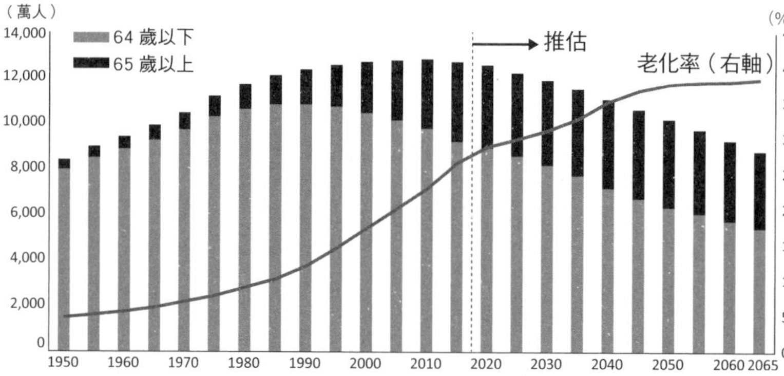

「總人口的38.4%都是老人」的社會，即將於2065年到來!?

〔資料來源〕
2015年以前的資料，取自日本總務省（相當於台灣的內政部）的「人口普查」；2016年的取自總務省的「人口推估（平成28年10月1日的最終數據）」；2020年以後的資料，是採取國立社會保障暨人口問題研究所的「日本的未來推估人口（平成29年的推估）」中，以出生中位數及死亡中位數假設所做出的推估結果。

或許也該歸功於史考特的課程。

的確，他曾說過：**真正的抗衰老，要從年老的科學化開始**。

「很好，坦率是好事，這麼想的肯定不只妳一個。不過，『人總有一天會死』是事實，但『人老就是醜』這點，就同樣的意義而言，並不是事實。因爲這只是人類的解釋罷了，這種觀念被強化的結果就是刻板印象。首先必須注意的是，大部分的刻板印象，都根植於自己所在的社會與成長過程所接受的文化，還有家人及朋友、教育等。」

「……？你的意思是，『老是醜陋的』這個想法並不是由我自行產生，而是外部的環境『讓我這麼覺得』？」

「嗬，眞是一點就通呢。這部分最典型的，就是高齡化帶來的影響。我記得日本的老化率（65歲以上人口佔總人口的比率）是26．7%的樣子[35]。50年後，美羽妳應該也已經加入老人的行列，而那時的老化率預估是接近四成（38．4%）[36]。在有如此前景的社會裡，會產生『老人＝累贅』的偏見，就某種意義上來說是再自然不過。」

「嗯，我眞的這麼覺得。今後日本的勞動人口也會越來越少……爲什麼年輕一代的人就非得照顧老人不可啊!?」

「好了好了，別那麼生氣。另外，像是家庭型態已核心化（以核心家庭爲主）之類，也是可能的原因。現在的小孩、年輕人，多半都未曾與『父母以上』世代的家族成員（也就是祖父、祖母等）一起住過，就已經長大。正因爲與老人接觸的機會大幅降底，於是便容易形成極端偏頗的刻板印象。」

「你對日本的瞭解還眞是深入啊……」

「畢竟日本是全球數一數二的長壽國嘛，對研究老化的人來說，是非常有意思的國家。話雖如此，但其實美國的情況也大同小異。結果這不僅造成人們一味地討厭變老、討厭老人，過度恐懼老化的人更是不斷增加。不過，當然對於自己的這種恐懼有無自覺那就又是另一回事兒了……在美國，人們對衰老的恐懼也是十分顯著的，甚至，還有一個專有名詞叫恐老症（Gerontophobia）呢■37。」

越是在意年齡的人越容易老？

對老化的恐懼啊……我的腦海裡閃過在VR空間裡，看到的那個老太婆影像。

「對變老的焦慮，已形成對老人們的嫌惡及敵意，這種情緒一旦升高，甚至會演變爲歧視。有時遇上前車的車速過慢，妳是不是也曾有過『開車的大概是老人吧』這種想法？又或者，年輕員工非常瞧不起年紀大的員工也算是類似現象。這其實是對弱勢者的一種歧視，英文稱之爲年齡歧視（Ageism）。因此，有專家主張意識到自己內心的年齡歧視，就是克服恐老症的第一步[38]。」

老實說，史考特的話對我來說相當刺耳。我的確在某個程度上對老人們相當厭惡、輕視，甚至對他們抱有敵意。

沒想到這樣的負面情緒，竟然只是來自於我對衰老的恐懼……

「可，可是……有那麼嚴重嗎？畢竟接在衰老之後的就是死亡，而且老了就沒什麼生育能力了。既然這樣，人對衰老的厭惡感難道不是基於『生物本能』嗎？爲什麼說是偏見呢？」

史考特緩緩地點了點頭。

「就像妳說的，在恐老症背後的，是對死亡的恐懼。而產生這種恐懼感的，正是人類大腦中最古老的部位，亦即連古代的魚也具有的所謂杏仁核。」

「那人就不可能不怕老了嘛！」

「就某種意義而言，確實如此……但是！」

史考特突然提高了音量。

「幹嘛突然這麼大聲……嚇我一跳……」

「這時，有個非常諷刺的現象出現了！有數據顯示，越是怕老的人，亦即越是對老化具有負面刻板印象的人，就越容易老。」

「什麼？你的意思是，恐老症會縮短壽命？」

史考特滿臉笑容，不知爲何一副很開心的樣子。

「根據耶魯大學社會學家克勞德．李維史陀（Claude Lévi-Strauss）的說法，對老化抱持正面觀感的人，壽命平均多了7年半左右。而且不只是壽命，對健康層面也有影響。

對老化採取積極態度的人，其生活功能（洗澡、走路等）的衰退也會比較晚發生，從重度殘疾中完全康復者的比例也多了44％。反之，對老化抱持負面觀感的人，則可觀察到心臟對壓力的反應能力較低落、心肌梗塞增加至兩倍、記憶力容易變差、受傷後不易復原等負面特徵■39。」

不受「老化巨浪」直接衝擊的好辦法

我頓時語塞。越是在意老化的人，越容易老化……這也太諷刺了吧！

「到底是爲什麼？」

「嗯，我想可能的原因很多，不過，最簡單的理由，應該就是壓力吧。目前已知壓力會讓端粒顯著縮短。而且老是想著『我要恢復青春、我要恢復青春』的人，對人生的滿意度低，比較容易變得不快樂。持續受困於怕老的恐懼中，人的幸福便會因此受損，甚至還可能進一步造成端粒及壽命的縮短[40]。此外，也有人推測，不願接受老化的人一旦生病，往往不會採取服藥、就醫等行動，於是便容易失去健康[41]。」

一邊聽著史考特的話，我想起了學生時代在美國文學課上聽到的一句話──Age is an issue of mind over matter. If you don't mind, it doesn't matter.

這是以《湯姆歷險記》等作品爲人們所熟知的馬克・吐溫（Mark Twain）的名言，意思是「年齡這種東西是心態問題，不在意就無所謂」。這是運用了mind（心態／在意）與matter（事情／有問題）的雙重意義的表現方式。

是啊，在意年齡的確「是個問題（matter）」。

「美羽，妳覺得海浪是有辦法消除的嗎？」

「蛤……？當然沒辦法啊。」

「沒錯，因爲我們無法改變造成海浪的月亮潮汐力。試圖反抗衰老，就像試圖消除海裡的波浪。重點不在於面對海浪、與之抗衡，而是要接受浪潮、乘浪而行，妳不覺得嗎？」

「接受」老化和「放棄」完全不同

一聽到「接受老化」，強烈的抗拒感便立刻從我心中湧現。要接受自己變得醜陋，我實在做不到。

「我不這麼覺得。我認爲『想維持外在的年輕美麗』、『想保有清晰的頭腦』等想法，就人類而言是很自然的！爲什麼非得樂於老化不可？」

不知不覺地，我的語氣變得很強硬。意識到自己的情緒化，一股羞愧感油然而生……但已經太遲了。

不過，這時史考特卻只是瞇著眼睛，慈祥和藹地面露微笑。

「妳說的沒錯。我並不打算否認化妝、整理服裝儀容、磨練知性……等等的努力。其實我也覺得，不論到了多大年紀，這些部分也都該好好持續下去。但理想上，我們最好是純粹爲自己的好奇心或興奮情緒所驅使（Passion-driven，熱情導向）而採取這些行動。因爲這樣才能接受人生的浪潮，如衝浪般乘浪而行。

相反地，若是爲老化恐懼所煽動（Fear-driven，恐懼導向）而拚命抗拒年齡，就等於是用全身去抵擋波濤，硬是想堵住海浪。以恐懼爲原動力的抗衰老，很可能會帶來反效果。像最近的美容產業等，就有挑起人們的恐老心態以推銷產品或手術的嫌疑呢。」

……又是一句讓我倍感刺耳的話。若知道我是「厄爾畢斯II」的開發人員，不知他會怎麼說。

「不論美容、減重還是健身訓練，只要是爲了自己的喜好、爲了打扮自己，就是好事。畢竟用心、努力地讓自己更美，是提升自尊、增加自信的一種方式，這正是所謂的熱情導向。但害怕他人眼光、試圖掩蓋年齡增長帶來的變化、爲了爭取認同而不顧一切地想吸引他人關注等，不過都是爲恐懼所驅使的恐懼導向，在這樣的壓力情境下，反而很可能導致端粒短縮。」

我那個在鏡子前花好幾個小時抗衰老的媽媽——小時候看到的那背影記憶，逐漸於我心中復甦。

的確，驅動著她的，除了恐懼之外別無其他。

75%的人都覺得「自己出乎意料地年輕」

——「老」這件事，認知佔了九成

「差不多也該來做個總結了，畢竟今天還去騎了腳踏車，挺累人的……」

剛剛如學者般的眼神瞬間變得柔和，史考特又恢復慈祥老人般的表情。

「也就是說……」我開口說到。「我的『老化觀』實在太過扭曲，所以改變該觀念就是達成『眞正的』抗衰老的第一步，對吧？」

「沒錯，就是這樣！」

史考特一邊摸著他稀疏而蓬亂頭髮一邊回答。

「人對老或年齡等的想法很容易扭曲，所以第一要務就是注意到這種扭曲的存在。例如：一項以近二千七百名美國人爲對象所做的研究發現，75%的人都覺得『自己比實際年齡年輕』，而且年紀越大，實際年齡與感覺年齡間的差距會越拉越大[42]。」

原來如此，的確，雖然我36歲了，我卻覺得自己的外表還保持得很年輕。但若四人中就有三人跟我有同樣想法，那麼，這種感覺到底具有多少程度的客觀性，實在也很值得懷疑。

「『想保持年輕』、『不想變老』是生物的基本慾望，也是支持人類原本渴望自我實現的自然反應。然而，現代社會中潛藏著許多複雜機制，因這種想法過度高漲而產生出了某些偏見及歧視。正因如此，故我們必須改變大腦一直以來所學到的、對老化的刻板印象。」

史考特又繼續說。

「嗯，這點我懂了……但像這樣在不知不覺中被植入的偏見，是有辦法改變的嗎？」

想要克服老化，「認知」和「逆向學習」是關鍵

史考特再次發出一陣他那奇特的笑聲後，緩緩地點了點頭。

「當然可以啊。總之一句話，就是要讓大腦重新學習，這就叫逆向學習（Unlearning）。只要方法正確，人的思維確實能夠改變。始於一九七〇年代的認知療法等，正是爲此而建立的方法呢[43]。」

思維是能夠改變的……這台詞好像在哪裡聽過。

「但，總不能爲了這個去找心理諮商師吧……」

「這妳就不用擔心了。」

看著畏縮的我，史考特平靜地說。

「我可是待過耶魯的精神醫學系（Psychiatry），不論診療還是諮商，都是家常便飯。」

我確實聽說過，在美國的大學裡，醫學研究人員在自己的研究室，以醫師身分進行診療並不是什麼稀奇的事。

這麼說來……史考特不僅是神經科學專家，同時還是精神科醫師啊。

「話雖如此，但其實並不需要做什麼很難的事。要做的很簡單，就是注意到自己對『老』有何評斷（好壞評判）——一切都是從此開始的。不必勉強壓抑該評斷本身，例如：『眼前這老頭看起來眞醜』，或者『剛剛那個人看起來比我還年輕，眞不甘心』等。總之，只要『注意到』就好。像這樣瞭解自己的認知習慣，正是改變思維的最快捷徑喔。」

＊＊＊

叮叮！從某處傳來一聲電子提示音。史考特在包包裡窸窸窣窣地翻找了一陣後，拿出了一支智慧型手機，他匆忙地按開畫面，叫出傳訊軟體，以一如往常的詭異笑聲小小地笑了兩聲。

「……有什麼好事嗎？」

我一問，史考特便開心地回答。

「下星期要去約會。我約的女生傳訊跟我說ＯＫ呢！」

史考特看起來相當興奮地把兩手高舉朝天。終究是個色老頭啊！儘管如此，竟然懂得用手機傳訊的方式來約女生……現在的老人還眞是不能掉以輕心呢。

「對了！」

彷彿沒注意到我的白眼，史考特似乎想到了什麼，於是轉向我這邊。

「美羽，可以把妳的帳號也給我嗎？」

Lecture4

全球最先進的「老化研究」

——運動、飲食、睡眠、壓力——

「唉呀，美羽妳可是被狠角色給纏住了吔！」

萊斯利以迷人的笑容對我表示出同情之意。她是在耶魯大學和我隸屬於同一研究室的研究人員，同樣都是企業研究員，也因爲年齡相仿，所以我們很快就成了朋友。

「對啊，聽說他原本還是耶魯大學精神醫學科的教授呢，總之，說來話長……」

我把來到美國後發生在自己身上的事，一五一十地告訴了她。從我現在住在年長者和年輕人共同生活的「永恆之家」老人院，到入住該院的外婆Nana出現阿茲海默症症狀、被名叫史考特的怪老頭看上，再到每週去聽他講關於老化科學的課程等。

我一邊回想著那個皺巴巴的小老頭，一邊跟萊斯利抱怨。本性開朗的萊斯利，不論我說什麼，她都會面帶微笑地傾聽。

「美羽妳人眞好。我想史考特一定一直很想有個可以講話的對象。而且妳的研究主題不就是『運用虛擬實境來達成老化體驗』嗎？就某種意義而言，這也算是幸運吧。取樣輕鬆，完全不缺樣本呢。」

她說完，便輕聲地笑了起來。

我之所以無法回應，是因爲萊斯利的話有其合理之處。的確，自從來到美國，我對老化的理解已經深入許多，早就不是在日本時能夠相比的。

而於此同時，我想到史考特說的「**最近的美容產業挑起了人們的恐老心態**」這番話，內心便感到一陣刺痛。

二〇二五年，阿茲海默症將能以「藥物」治癒？

自從開始聽史考特講課，我對老化，尤其是腦部的老化，產生出非比尋常的興趣。

外婆的情況還是沒什麼改變，即使是一般日常對話也會偶爾出現令人意外的奇怪反應，所以我也自發性地上網或從書籍收集各種相關資訊。

因此瞭解到，其實對於阿茲海默症，目前人們正在嘗試各式各樣的治療方法。其中最常見的，就是使用膽鹼酯酶抑制劑（Cholinesterase Inhibitors，ChEI）。在阿茲海默症患者的大腦中，名爲乙醯膽鹼（Acetylcholine,，ACh）的腦內物質會持續減少，因此，只要降低分解此種物質之酵素的活性，在某個程度上就能增加腦內的乙醯膽鹼。但實際上這最多也只能延緩病情的進展，無法讓大腦復原。

此外，針對史考特曾給我看過的影片中那些遺傳性阿茲海默症患者，也有治療劑的臨床研究在進行。其中最具代表性的，就是以美國華盛頓大學爲中心，由英國、德國、澳洲、日本等國一同參與的國際性研究計畫——DIAN（Dominantly Inherited Alzheimer Network）研究。

關於阿茲海默症的治療劑，似乎至目前爲止一直不斷有許多藥物被開發出來，但又在臨床試驗中失敗退出。甚至有資訊指出，在美國目前約有20種臨床試驗藥物正在接受測試，而能夠成功上市的只有1％左右■44。

在藥物治療方面備受期待的，是由日本理化學研究所開發出來的腦啡肽酶（Neprilysin）。據說該研究所的西道隆臣等人，著眼於阿茲海默症初期β澱粉樣蛋白的累積發生，於是便著手開發促進此種廢物分解的藥物■45。在膽鹼酯酶抑制劑問世已經過20年的現在，儘管突破有望，但據說其實際應用是以二〇二五年爲目標，故想必是趕不及治療我外婆了。

輸入「年輕血液」的「吸血鬼式」回春術

——異種共生（Parabiosis）

除了藥物外，人們也有在探索各式各樣其他的「回春」之道。看來史考特所言不假，老化及長生不老相關科學，的確正呈現出前所未有的繁榮興盛。

而當中最令我震驚的，是一種叫異種共生（Parabiosis）的方法。這是由年輕人輸血給老人的宛如「吸血鬼」般的構想，據說在史丹佛大學進行臨床試驗，其效果已獲得科學證實。

將年輕老鼠的血液輸入至年老老鼠體內，幹細胞的活動力就會提升，腦部、肝臟、胰臟、心臟、骨骼、肌肉等諸多器官的老化速度似乎都會變慢。如果繼續注入血漿（血液成分），則年老老鼠的認知功能便會改善，甚至達到年輕老鼠的水準。而且此數據報告是來自9個獨立的實驗室，可信度可說是相當高[46]。

光是換血就能改善腦部運作，從外行人的角度看來實在很難讓人立刻信服，不過，大腦本來就不是由腦細胞單獨運作的，既然細胞之間的溝通亦需藉助各種腦內物質，那麼，只要透過血液來塡補這類物質，則大腦回春現象的產生也就沒那麼不可思議了[47]。

其他備受矚目的，還有來自所謂再生醫學的幹細胞移植法。細胞的再生速度之所以延遲，無非是因爲幹細胞的衰敗。若是如此，那就移植幹細胞就好了。

據說，實際上已有人針對某種生物，嘗試了腦部的幹細胞移植■[48]。京都大學的山中伸彌教授所培養出的iPS細胞（人工多功能幹細胞），是能夠成爲各種不同細胞的幹細胞，可望應用於大腦功能的再生。但在癌化的可能性及安全性評價方面仍有困難尚待克服，也就是說，人類的部分還處於才剛起步的狀態。

看著人類對長生不老無止盡的貪婪挑戰，感覺想要支持，又覺得好像有點過火了，心情著實相當矛盾複雜。

75%的老化因素都是「可控制」的

叮叮！手機的通知音效響起。

——再10分鐘左右到，不好意思有點晚了。

是史考特傳來的訊息。

自從那天交換聯絡帳號後，他時不時就會傳訊息過來。今天本來也約好了要上課，但就在約定的時間快到時，他突然傳訊息：『我們約在星巴克吧。』於是我就來到了離「永恆之家」最近的這間星巴克。

週五的星巴克熱鬧非凡，幾乎找不到空位可坐。在我隔壁有一對看起來像是80幾歲的老夫婦，優雅地喝著咖啡。在美國，這樣年紀的老人也會來星巴克喝咖啡啊？其中的老先生緩緩地從包包裡拿出iPad，開始讀起《紐約時報》。竟然會用平板電腦看報紙，真不像老人。

想到這裡，我的腦海中突然浮現史考特的話——要注意到自己對老有何評斷，一切都是從此開始的。

確實在不知不覺中，我對老這件事已經做出了「評斷」。「到星巴克喝咖啡不像是老人會做的事」、「老人就該喜歡閱讀紙本的報紙」——這些偏見都已深植我心。

史考特好像說過，光是有「注意到」這樣的認知，就算是很大的進步了……

「今天差不多該來聊聊預防腦部老化的方法了。」

轉頭一看，史考特不知何時已站在我身後。

「喔，史考特。今天怎麼會想到要來星巴克啊？」

經我這麼一問，他便舉起手上的大杯咖啡，滿面笑容地回答。

「我一直很想來一次看看啊，而且最好是能和年輕女孩一起來。」

或許是自以爲在約會的關係，今天的史考特穿了一件做工精細的棕色夾克，但可惜的是，夾克的領口部分沾到了蕃茄醬之類的污漬。

「你說有『預防腦部老化的方法』，但老化這種事情，是發生在基因層次上的，對吧？」

我很快地將對話導入正題。

史考特咧嘴笑了一笑，在我對面的沙發上坐了下來。

「的確沒錯，細胞老化過程的關鍵，就在於端粒縮短這一基因層次的事件。但據說這對老化的影響，其實不過佔了整體老化的25％而已[49]。也就是說，75％都爲環境因素。換句話說，我們自己也能有辦法改變！」

「腦部訓練」有多少效果——健腦科學

「日本的老人們確實也有些基於『避免痴呆』或『腦部訓練』等理由，而去做一些益智問答或益智遊戲之類的活動。但那些能有多大效果啊？」

「那些就是所謂的健腦（Brain Fitness）。老實說，若只是單純地反覆做益智問答或玩益智遊戲，儘管針對該應用程式的特定技能會變得更熟練，但要說對大腦能有多少效果，其實是很值得懷疑的。畢竟坊間的那些『腦部訓練』，幾乎都沒有充足的相關科學根據。

話雖如此，但以改善認知功能爲目標的程式開發，在美國也已成爲快速

「FINGER研究」所發現的預防老化效果

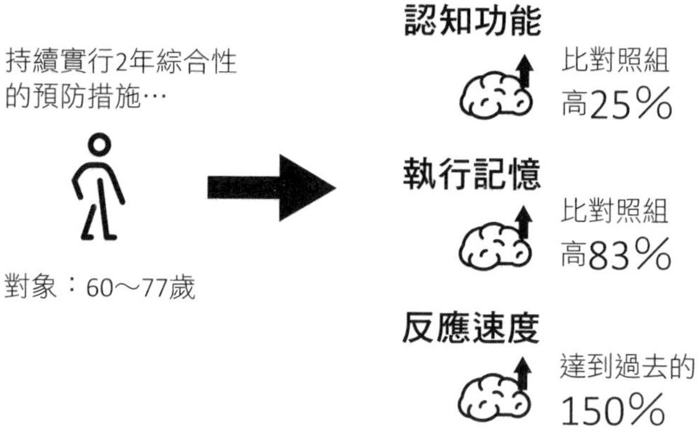

成長的產業之一。『只要選擇品質好的應用程式，就能實際產生效果』之類的研究結果，也不是完全沒人提出過。例如：美國的國家衛生研究院，便針對健腦應用程式的效果研究，進行了整合分析（統整多項研究結果以看出整體效果的一種分析）。而依據該分析，健腦對認知功能的效果似乎已獲得證實■[50]。

其實這是基於一項名爲ACTIVE（The Advanced Cognitive Training for Independent and Vital Elderly）研究的大規模隨機對照試驗。

該試驗針對超過二千八百名平均

年齡爲73．6歲的受測者，以連續5～6週，每週2次，每次1小時左右的頻率，讓他們進行與情節記憶及認知處理速度有關的訓練。結果發現不僅能看到這些功能有所改善，且其效果在5年後仍可觀察得到■51。」

「哇，這眞是太棒了！我是不是也該讓Nana試一試腦部訓練呢？」

「要注意的是，目前這些應用程式的品質依舊參差不齊，而且也有以商業競爭爲最優先考量的傾向。此外，應用程式背後是否有堅實的科學理論支持這點，也有必要加以確認。附帶一提，在美國，Lumosity（Lumosity.com）和Brain HQ（brainhq.com）等應用程式都相當受歡迎呢。」

面對語帶興奮的我，史考特如此說。

「腦的反應速度」增加到150％——FINGER研究

「不過，健腦無法大幅改善已經降低的認知功能，這點千萬別忘了才好。」

史考特再次補充說道。

「嗯，不知怎的，感覺很不明確吔。史考特，身爲這方面的專家，你對於健腦是採取否定態度嗎？也就是『不建議做腦部訓練』嗎？」

面對我的質疑，史考特搖了搖頭。

「我想說的是，簡言之，『只要做了這個就能預防腦部老化』的魔杖並不存在。畢竟對於腦部訓練或健腦等，人們總是很容易就會出現這種論調。可是實際上，預防老化的方法不只一種，而且最新的研究也證實了『搭配組合』多種方法往往能提高預防效果。

其中最具代表性的，就是於二〇一五年六月發表在極具權威之科學雜誌《柳葉刀》（The Lancet）上的FINGER（The Finnish Geriatric Intervention Study to Prevent Cognitive Impairment and Disability）研究[52]。這是一項在芬蘭進行的大規模老化研究，以有失智症風險的1260名

60～77歲的人們爲對象，在2年期間內測量運動、飲食、腦部訓練等搭配組合起來的效果。

根據該研究，採取綜合性老化預防措施的群組，其大腦功能明顯得以維持。經測試發現，相較於什麼都沒做的群組，其認知功能高出了25％，執行記憶則高出約83％，反應速度更是提升至過去的150％。

這效果相當驚人，妳說是吧？據說，此研究還將進一步驗證在失智症的發病上是否有差異呢。」

越是「教育水準高的人」越不容易得阿茲海默症？

「所以要防止老化，終究必須『做各式各樣的努力才行』，是吧？」

「是啊，就是這樣。先前提過的戴爾・布雷德森所說的『36個因素』雖屬於更細節層次的東西，不過，他說中了一點，那就是不要只倚賴單一的原因及預防方法會比較好。廣泛多樣的預防措施才切合實際。換句話說，對於『只要做這件事就能預防老化』之類的資訊，最好還是小心爲上。

其實只要阿茲海默症等還未有可確實根治的完整治療方式，我們就有必要消除多個風險因素（危險因子）以達到預防的目的。《柳葉刀》雜誌便曾於二〇一四年提出報告：『只要避開以下七個風險因素，就能預防三分之一的阿茲海默症』■[53]。」

「什麼！？三分之一，很多吔！」

史考特從包包裡拿出平板電腦後，在上面叫出了一張投影片——

①中年高血壓。

②中年肥胖。

③糖尿病。

④不運動。

⑤抽煙。

⑥憂鬱。

⑦教育水準低落。

「嗯……①～⑥感覺都還滿有道理的，但⑦的教育水準是怎麼一回事？意思是『沒接受過良好教育，就容易罹患阿茲海默症』嗎？」

「嗯，吸煙會增加自由基，導致端粒縮短；過量飲酒等會造成DNA損傷，也不好。這些方面的確都不難想像。但從全世界整體看來，教育水準的低落，其實是阿茲海默症最大的一個風險因素，甚至有數據指出，此因素與整體的19%有關。

在此要提到一個叫做認知儲備（Cognitive Reserve）的概念。教育具有爲人類大腦功能提供儲備能力的作用，即使認知能力隨著年齡增長逐漸降低，據說或許能靠這儲備能力來彌補[54]。」

「原來如此……提供一定程度公共教育的先進國家的人，似乎就不太需要擔心這個因素了。」

持續的「運動」，使腦部的「海馬迴」年輕了2歲

「也是可以這麼說，沒錯。實際上，依據地區別來觀察，美國及歐洲的最大風險因素是『④不運動』，佔了整體因素超過兩成。」

「也就是說，就預防老化而言，運動確實很重要囉？我記得好像在哪裡讀到過，說人類本是狩獵民族，所以多運動是很好的。」

我一邊說一邊想到上週和史考特一起去騎腳踏車的事。

「運動對於大腦功能的維持及提升相當有效這件事，也已逐漸爲一般大

眾所理解。雖然我剛剛說過在這方面沒有魔杖的存在，但運動對大腦及身體健康帶來的效果可說是難以估計。有多項研究都已證實，持續性的運動可有效延長端粒。而實際上也有數據顯示，活動量越大的美國人，其端粒縮短率越低■[55]。」

「我到高中爲止都是田徑隊的，最擅長的是4百公尺跨欄呢。只可惜進入社會後，一直忙於工作，幾乎就再也沒能做什麼像樣的運動了……。」

「30幾歲的人也要做些運動比較好喔。因爲運動能增加細胞內的抗氧化物質，提升粒線體的功能。在解釋細胞衰老的機制時我也提過，細胞老化的直接原因，就是自由基等物質所造成的損傷（氧化壓力）。而運動能夠減輕這樣的壓力，延緩老化■[56]。」

原來如此，一說到運動，總容易聯想到強化肌肉之類的事情，但沒想到運動還在基因層次、細胞層次上，具有讓人保持青春活力的效果啊。

「另外，在先前提過『運動會使海馬迴容量增加』的研究數據中，據說受測者的大腦平均年輕了1～2歲呢。

總之，運動是具明確證據的阿茲海默症最主要之預防措施，可望降低約40%的風險[57]。目前已知具有腦內易堆積β澱粉樣蛋白的ApoE基因的人，較容易罹患阿茲海默症；但也有研究報告指出，就算是這樣的人，只要持續運動，其β澱粉樣蛋白的量也會降至與不具ApoE基因者差不多的水準[58]。」

一邊聽著史考特的話，我的腦袋裡又浮現外婆的臉。外婆雖是個精力旺盛的人，但她一直都沒做什麼像樣的運動，即使是以藝術家身分活躍的年輕時期，恐怕也是過著每天都待在工作室裡的日子。

「每週三次健走」可讓端粒長度變兩倍

「史考特，那具體來說，該做什麼運動比較好？」

「這個嘛，主要可從兩個方面來思考……」

史考特說著，便從胸前拿出一支鋼筆，在紙巾背面沙沙沙地書寫了起來

■59

① 中等強度的有氧運動。

② 間歇訓練。

「①的所謂『中等強度』，可想成是最大心跳速率（以『220減年齡』爲基準）的60％左右。能夠維持此狀態約40分鐘的運動，就很理想。」

「我現在36歲，所以心跳速率大約要是……110（＝（220－36）×0.6）。就能夠長期持續而言，健走似乎是個好選擇。」

史考特用力地點了個頭。

「很好！畢竟健走不僅容易持續，也比較容易融入生活。在研究數據方面也有報告指出，持續6個月實行每週3次、每次45分鐘的有氧運動後，端粒延長成了原本的2倍呢。」

練肌肉無法預防老化——「胖爺爺」較少見的理由

「另一方面，②的所謂間歇訓練，是指一種夾雜了休息時間，且會造成一定程度負荷的反覆訓練方式。例如：以跑步來說，可以快跑3分鐘後，休息3分鐘（或是用走的），以此模式反覆進行4組。像這樣的間歇訓練，其端粒延長效果也已經獲得證實囉。」

最近像智慧型手錶之類可輕鬆測量心跳速率的裝置越來越多了，這我好像也做得來吔。

「運動非做不可，我想這就是現階段科學的結論吧。反正應該也有助於保持身材，那我也來開始做點運動好了！」

「那個，附帶一提，」史考特補充說道。「以延長端粒及提高端粒酶的活性來說，似乎只有有氧運動是合適的。像重量訓練之類增強肌肉的運動，對端粒似乎是沒有什麼明顯的效果。」

原來如此，就算練得渾身都是肌肉，也無法預防老化啊……

「但正如剛剛有列出的②中年肥胖，就維持端粒的長度而言，肥胖確實不好。肥胖程度一般都以ＢＭＩ（身體質量指數，Body Mass Index：用體重除以身高的平方所得之數值）來判定，不過，在老化風險的評估上，則以腰圍和臀圍的比例爲重要指標。腰圍越粗，端粒縮短的風險就越高■60。」

肥胖對人的壽命有很大影響這件事，從經驗看來也是很說得通的。畢竟「胖叔叔」雖然有，但「胖爺爺」就很少見了，可見胖子就是容易短命。

要防止老化，「這個」吃不得——端粒飲食法

「……這麼說來，飲食方面也必須要注意，對吧？」

「美羽妳眞是個優秀的好學生啊！沒錯，下一個重點就在飲食。能夠延長端粒的食物包括以下這些——」

說著，史考特便從包包裡拿出平板電腦，秀給我看[61]——

▼可延長端粒的食物

- 富含纖維質的食物（全穀類等）。
- 新鮮的蔬菜水果。
- 豆類。
- 海藻類。
- 綠茶、咖啡。

▼抑制三大老化因子的成分及食物

- 抑制發炎：類黃酮及胡蘿蔔素（莓果類、葡萄、蘋果、羽衣甘藍、花椰菜、洋蔥、番茄、青蔥等都富含）。
- 具抗氧化作用：莓果類、蘋果、紅蘿蔔、綠色蔬菜、番茄、豆類、全穀類、綠茶等。
- 降低胰島素抗性：減少含糖碳酸飲料及高醣食物的攝取。

「除了這些之外，目前備受矚目的還有富含Omega-3脂肪酸的食物。大量存在於鮭魚和鮪魚等魚類以及葉菜類中的這種物質，具抗氧化作用，可防止細胞暴露於氧化壓力下。也曾有報告指出，Omega-3脂肪酸能預防32％的端粒縮短呢■[62]。」

「這些資訊，有的我在網路上也曾看過。」

「關於飲食方面的數據並不充足，很多資訊甚至都還稱不上有科學根據，所以還是小心點比較好。不過，至少紅肉（尤其是經過加工的）、白麵包、甜甜的果汁等，若是不想讓細胞老化，據說最好都避開爲上。」

……我還是別告訴他我今天午餐吃的是熱狗和果汁汽水。

「……感覺資訊太多了，弄得我一頭霧水。」

「嗯……那好吧，我來介紹一個堪稱『預防阿茲海默症決定性一擊』的飲食法，名爲麥得飲食（MIND Diet）。」

「麥得……？」

「它的正式名稱叫做Mediterranean-DASH Intervention for

Neurodegenerative Delay Diet。是已獲得證實的地中海飲食（Mediterranean Diet）與得舒飲食（DASH，Dietary Approaches to Stop Hypertension：高血壓預防飲食）這兩種飲食法的混合版。

地中海式的飲食同時攝取大量蔬菜、水果、全穀類，以及低脂肪的優質蛋白質（魚類），再配上橄欖油與堅果類，不僅有數據指出可提高認知功能[63]，整體而言，更可減少約20%的失智症風險[64]。」

「那另一個DASH呢？」

「得舒飲食則是除了蔬菜水果、全穀類、低脂乳製品等與地中海式飲食類似的內容外，再以鹽分攝取限制爲中心所構成。

而麥得飲食是由這兩者組合而成，具有以蔬菜爲主、限制動物性食物與飽和脂肪、重視莓果類及綠葉蔬菜等特色。在一項以923人爲對象，經4年半追蹤調查的研究中發現，與未採取麥得飲食的人相比，採取該飲食方式者罹患阿茲海默症的風險少了53%。

以下的每項食物各算1分（滿分15分），若有8.5分以上，便可算是『符合麥得飲食法』的飲食方式。下方還列出了1份的計算基準呢[65]。」

▼建議攝取的食物

・全穀類	每天3份以上	全麥麵包1片／糙米1碗
・綠葉蔬菜	每週6份以上	1杯／250cc
・其他蔬菜	每天1份以上	1／2杯
・莓果類	每週2份以上	1／2杯
・魚類	每週1份以上	90公克
・雞肉	每週2份以上	90公克
・豆類	每週3份以上	1／4杯
・堅果類	每週5份以上	15公克
・橄欖油	做為日常食用油	
・葡萄酒	每天1杯左右	

▼應減少攝取的食物

•紅肉及其加工食品	每週4份以下	90公克
•速食及油炸食物	每週少於1份	1個
•奶油及乳瑪琳（人造奶油）	每天少於1大匙	
•起司	每週少於1份	45公克
•蛋糕等甜食	每週少於1份	甜甜圈1個

「飲食眞的是很重要呢！」

「可不是嗎？雖然聽起來很囉唆，但我還是要再次強調，在飲食方面其實很多東西都還不確定。像剛剛提過的那些具抗氧化作用的食物，也有人提出『明明就無法解決失智症的根本原因』之類的批評。畢竟所謂的氧化壓力，是發生在比β澱粉樣蛋白及濤蛋白等廢物的累積更下游的現象。意思就是，『若沒斷根，眞的可達到預防效果嗎？』■[66]。

布雷德森等人則是建議採取所謂的『KetoFlex 12／3飲食法』來防止胰島素抗性的產生。其低碳水化合物及溫和素食主義（魚類、肉類等蛋白質的攝取控制在每天每公斤體重1公克的程度；亦即體重70公斤的人，每天約食用魚肉3百公克左右）的部分都和麥得飲食法很類似，但要再加上從晚餐到早餐為止需絕食12小時，而且睡前3小時什麼都不能吃。」

能洗去腦內廢物的「睡眠」的力量

——睡眠最少需7小時

此時，我突然感覺到，坐在隔壁的老夫婦正用奇怪的眼神看著我們……這也難怪，畢竟是個亞洲女人一直在聽一位老人滔滔不絕地說著難以理解的內容。

史考特從坐下後就持續不間斷地講，絲毫沒有顯露出任何疲憊的神情，但我的專注力卻已經用盡。

「……話說，美羽妳平均都睡幾小時啊？」

這老頭也未免太厲害，我還以爲我有忍住哈欠，看來是事跡敗露了。

「嗯，這個嘛，研究的工作相當忙碌……到了美國之後，平均約5小時左右吧。」

聽了我的回答後，史考特緩緩地搖了搖頭。

「這樣不行啊！要讓端粒維持長度、不縮短，一般建議睡眠需有7小時以上才行，而且睡眠的品質也很重要。已有數據顯示70歲以上的慢性失眠會導致端粒縮短，甚至還有報告指出，每天睡7小時以上的人，其端粒長度比睡不到5小時的人多了6％左右■[67]。」

「也就是做爲一種抗衰老的方法，睡眠可說是相當確實有效，對吧？」

「對於腦部的老化，睡眠所發揮的作用肯定是很大的。觀察早上剛起床的人的腦部影像便會發現，β澱粉樣蛋白竟然都被清掉了。睡眠時間在7小時以上的人，其腦部影像上顯示的β澱粉樣蛋白較少■[68]。所以好好努力睡滿7小時以上，搞不好會比注意飲食還更有效呢。」

壓力是老化的定時炸彈——心理因素

「妳還記得阿茲海默症風險因素的⑥是『憂鬱』嗎？曾有研究追蹤患有憂鬱症的人持續2年，結果發現比起沒有憂鬱症的人，其端粒的縮短速度顯著較快■[69]。」

「因爲壓力？」

「沒錯，端粒很怕壓力■[70]。據說有人針對會經歷眾多壓力的第一年實習醫生進行調查後發現，光是在那短短一年內，其端粒就縮短了一般的6年份長度■[71]。在壓力與端粒縮短的關聯性方面，也已有統整過去多項研究的整合分析被發表出來，而結論就是壓力果然會讓人的端粒稍微縮短一些■[72]。

有個來自中國的有趣研究報告指出，當對老鼠施加壓力時，其大腦海馬迴內的端粒酶的活性會降低，海馬迴的新細胞產量會減少。據說相反地，若是使端粒酶活性化，則那樣的壓力影響便會消失，可促進海馬迴的細胞新生。這就暗示了，端粒酶是透過細胞的新生來對抗壓力造成的影響■[73]。此外，布雷德森強調壓力對阿茲海默症帶來的風險這點，也是很值得玩味。」

為期2年的義工活動，能令大腦年輕3歲

——社會因素

隔壁的那對老夫婦不知何時已經離開，想必是因爲受夠了史考特的話太多、講太久。

「史考特，今天就到此爲止好嗎？剛剛那對夫妻都已經盯著我們看好久了。」

「還有一點……」史考特伸出了右手的食指。「就剩最後一點，請讓我講完，眞的是最後一點了。話說剛剛那對夫婦，看起來像是80幾歲，對吧？」

拗不過他的堅持，我也只好不情願地繼續聽他說。

「對啊，而且感情似乎挺好的呢。」

「雖然不知道他們還會再活多少年，不過，要是有一方先死了，另一方的健康及壽命肯定會受到影響。」

「欸，我說你啊！講話可不可以謹慎一點，什麼死不死的……」

「唉呀，抱歉。我只是想表達，端粒的長度其實受到社會關係的影響也很大。例如，非洲灰鸚鵡是一種以擅長交際聞名的聰明鳥類，而一直都沒找到配偶的灰鸚鵡，其端粒會變短[74]。也就是說，這是一種導致端粒縮短的社會因素。

如果將這點也納入考量，那麼就延長端粒而言，是否有信任的人、關係良好的人住在附近，也是相當重要呢[75]。甚至，不只是接受周圍人的幫助，由自己主動幫助別人的行爲，也可望產生效果。曾有美國的研究報告指出，持續進行2年的義工活動後，大腦的尺寸變大，回春了約3歲之多[76]。」

史考特說完，便把剩餘的咖啡一飲而盡。

「嚴謹」具有抗衰老效果——性格因素

喔……早知道就不聽了。我似乎沒受惠於維持端粒的社會因素，可能沒辦法活太久。

「嗯？怎麼了？」

在這方面，史考特真的是很遲鈍。

「關於怎樣性格的人較容易長壽這部分，在舊金山地區，曾進行了一項從一九二〇年代起長達67年的追蹤調查[77]。」

「欸？性格與壽命的關係？」

有點想聽又有點不想聽……

「依據該調查，個性耿直認眞（conscientiousness）的人活得比較久，而且據說此傾向在女性身上更爲顯著。」

「喔！眞的嗎？」

我的個性算是比較嚴謹，工作起來相當認眞龜毛，而且又是女生。低落的情緒瞬間回復過來。

「認眞的人會維持良好的運動及飲食習慣，會聽從醫生的建議，故能確實執行維持健康所需的必要事項。據說，這應該也會影響壽命。不過另一方面，若是過度認眞、龜毛到了神經質的地步，那又有待商榷了……」

……原來如此。尤其是日本人，感覺個性過度嚴謹的人似乎很多。

「不管怎樣，日本也出現了類似的調查數據喔。該調查找來70名年齡超過1百歲的人，與60～84歲的人進行性格比較，結果果然發現在1百歲以上的女性群組裡，性格認眞的人比較多。不過，由於寬容（openness）與外向（extraversion）的性格傾向也很顯著，所以不過度神經質也很重要[78]。

此外，在其他的研究中，據說常笑的人、善於交際的人、幸福快樂的人、樂觀的人等，也都會比較長壽。也就是心理層面的抗衰老吧[79]。其他還有幽默感、個人魅力、可愛、好奇心、正向積極等傾向也都相當重要。其實我就是這種典型啦。」

史考特說完這句，又再度發出那令人不舒服的刺耳笑聲。雖然周遭顧客的視線都因此聚集了過來，但他本人似乎絲毫沒注意到。

我在心裡深深地嘆了一口氣。

＊　＊　＊

聽完史考特有如怒濤般氣勢磅礡的授課後，今天的我也已筋疲力竭。

這老頭雖然外表看來確實詭異，不過肯定是個厲害的學者。他腦袋裡到底累積了多少資訊啊？

一回到房間，媽媽又打電話來了。日本的當地時間應該是清晨，我有不好的預感。

『喂……』

『……嗚嗚……』

『喂喂喂？媽？妳怎麼了？發生什麼事了嗎？』

『喂，美羽……嗚，嗚嗚……嗚哇——！』

媽媽突然放聲大哭，不管我怎麼問，她就是無法好好回答。看來醉得相當厲害，想必是從昨晚就開始喝酒，一直喝到早上。

不過，我內心倒是鬆了一口氣，因爲我媽只有在跟男朋友分手時，才會喝個爛醉並且邊哭邊打電話給我。同樣的事以前就發生過很多次了。這次似乎是比她年輕15歲的小男友劈腿別的同齡女生，媽媽在電話裡語無倫次地不停抱怨。

反正都醉到這種程度了，明天大概什麼也記不得了吧。

雖然我也沒有很認眞在聽，但不經意地想起和阿聰之間的事，不由得胸口感到一陣刺痛。

Lecture 5

讓大腦成長不停歇的全世界最簡單方法

——以冥想來抑制「雜念迴路」——

在巴士站牌旁等待耶魯班車的我，眼前有輛鮮紅色的巴士停了下來。抬頭一看，裡頭坐了個年約20出頭的日本女性。

我瞬間覺得好像在哪裡見過這個人……突然靈光一閃，想起來了，她就是當時被我意外瞥見的，阿聰的新女友！

她似乎也注意到我，從巴士裡朝這邊望過來，露出刻意的笑容。

她怎麼會認識我？而且這女人感覺好邪惡，阿聰到底是喜歡上她哪一點……？

我很挑釁地故意不上車，一直站在原地。心跳不斷加速，我感覺到血液往頭部集中。

待我回過神來，巴士早已消失於某處。不知不覺中，我突然站在一個空無一物的白色房間裡，沒有門也沒有窗，根本就是個監牢。

下一刻，我馬上意識到，這裡是「厄爾畢斯II」的VR空間——！

「人啊，老了就完了。」

我轉頭望向呢喃聲的來源，看見房間的角落有3個老太婆蜷縮在那裡。

「……？誰，是誰……？」

定睛一看的我，處於崩潰邊緣。一個是在「永恆之家」裡總是動也不動地發著呆的外婆，一個是老得滿臉皺紋的媽媽，還有一個就是……以前曾經目睹過、50年後醜陋的自己……

「啊啊啊啊啊！」

然後我就醒了——

＊　＊　＊

「這樣啊……好可惜喔，妳已經決定好了？」

卡爾文微笑著說。擔任「永恆之家」管理人的這位年輕的黑人，總是這麼溫和體貼。

「若妳不介意的話……」卡爾文繼續說到：「可以告訴我嗎？爲什麼妳想離開『永恆之家』？該不會是因爲史考特吧？」

「不是啦。史考特的確是話多了點……但他教了我很多重要的事。對他，對這間老人院，……還有對卡爾文你，我都沒有任何不滿。是我不好。決定要搬家，是因爲我個人的問題。」

我搖搖頭，看著表情有點難過地點了點頭的卡爾文。

我的內心、我的胸口，隱隱作痛。因爲從某種意義上來說，原因不在「永恆之家」的說法，或許算是騙人。

從今天早上的恐怖惡夢中驚醒後，我才發現自己終究毫無進展。再怎麼聽史考特講課，存在於我心中「對衰老的恐懼」依舊沒有任何改變。

不過是前幾天晚上和有如「抗衰老化身」般的老媽講了通電話，一切就都回復原狀。全部，徒勞無功……

既然這樣，那麼也沒必要再特地住在這充滿了老人的地方。

反正還會繼續在美國待一段時間，我想時不時來看看外婆也就行了。

源自「不想被人討厭」的恐老症

向卡爾文表達了離開的意願後，我開始在「永恆之家」裡到處搜尋史考特的身影。去了他的房間，但他不在，在聊天室裡也找不到他。

我突然靈光一閃，走到中庭一看，便看見兩個身影坐在草地上。是史考特和外婆。

兩人就只是閉著眼睛，靜靜地坐著。本以爲他們睡著了，但背好像挺得太直了點。像這樣從遠處看去，兩人彷彿是一對感情很好的老夫婦呢。

「是美羽，對吧？聽腳步聲就知道了。」

我踩過草坪往他們的方向走去，外婆連眼睛都沒睜開便直接說了這句，感覺她腦袋好像比往常清楚許多。更重要的是，竟然光聽腳步聲就知道是我……這眞是太驚人了。

「嘿，美羽。」

史考特緩緩地睜開眼睛，看向我這邊。

「嗨，史考特」

我也輕輕地打了聲招呼。

「極度恐懼老化的心理其實是……」他突然說起話來。「……源自於『不想被人遺棄』的心態。」

聽了他的話我才突然想到，今天是星期五，上課日。我竟然忘了這個約定，直到現在才想起來。

「唉呀，可不能妨礙你們上課啊」

說完，外婆便站了起來。

「Ｎａｎａ，不會啦，又沒關係！」

無視於我的試圖阻止，外婆不發一語地揮了揮手，逕自朝著聊天室的方向走去。不知爲何，她的表情顯得非常開心。自從來到美國後，那樣的外婆我好像是第一次見到呢。

「史考特，你剛剛說的……」我轉向史考特。「那個……『害怕變老是因爲不想被人討厭』這點，我眞的很能理解。我小時候總是一個人。自從懂事以來，爸媽就已經離婚，而以女演員爲業的媽媽又幾乎不在家。所以我一直都很寂寞。

不過長大以後，周圍多少開始有人會捧著我，也有男生會來約我。但那一定是因爲『青春』的關係。我那年過60仍維持著貌美青春的母親，到現在都還有一堆人繞著她轉呢。所以，我也不想失去『青春』！」

史考特不發一語，默默地點著頭聽我訴說。接著，確定我已把想說的說完後，他才緩緩開口。

「美羽，不是只有妳有這個問題。在每個現代人心中的某個地方，都恐懼著老化，畢竟這是個講究效率及生產力的時代。一旦上了年紀，做不出成果，自己很可能就會被社會和公司拋棄，而變得毫無價值——像這樣的恐懼正在持續蔓延。」

我靜靜地點了點頭。

感覺上，對存在於自己內心之於老化的那份不明恐懼，我有了更深一層、更高解析度的理解。

正確地達到「深度休息」便能除去腦內廢物

「話說……」我話鋒一轉。「史考特你和Nana剛剛在這裡做什麼啊？該不會……是在睡午覺吧？」

史考特發出他一貫的詭異笑聲。

「不不不，當然不是在睡覺。我們是在實行一種……『不讓大腦變老的終極方法』。」

他說完，便露出一臉笑容。

「我記得你上星期教了我好幾種防止腦部老化的方法……」

「其實還有個大絕招我沒跟妳說。」

「什麼！？真的嗎？」

我的注意力被他的話給徹底吸走，完全忘了要把搬離「永恆之家」的事告訴他。

「講得太誇張也不好，我看我還是別賣關子，直接先說清楚好了。其實我和亞希子是在冥想啦。」

「冥……冥想？」

從這怪老頭嘴裡聽到「冥想」兩字，不知怎的就是覺得可疑。

「是的，除了冥想外，其他像是氣功、太極拳、瑜珈等源自於東方的方法，在減低細胞發炎方面也都已獲得科學證實。對於冥想，人們進行了各式各樣的實證實驗。而其中最令人高興的好消息正是，『冥想會對端粒帶來正面影響』。目前已有報告指出，持續進行3週的冥想後，端粒就變長了呢■80。」

「欸？這意思不就是說，冥想具有回春效果嗎？單純的放鬆難道不行嗎……？」

「持續性冥想活動具有的效果，是去度假旅行、單純放鬆一下所無法獲得的。

曾有一項調查研究，是以94名未曾有過冥想經驗的女性及30名有冥想經驗的人爲對象■81。在該實驗中，有一半的人進行約6天的一般度假活動，剩下的一半則在同一期間持續實行冥想活動。結果所有群組都觀察到了在壓力相關基因上的正向變化。若只看這點，那麼，結論就會變成冥想和度假是同樣程度的『休息法』。但值得一提的是，即使是冥想初學者，6天後其腦內的β澱粉樣蛋白也有所減少。換言之，冥想對於阿茲海默症的大敵β澱粉樣蛋白也是能夠有效果的呢。

另外補充一下，據說在該實驗中有冥想經驗的人本來β澱粉樣蛋白的數值就比較低，然而，經過連續6天的冥想活動後，數據顯示其抗病毒感染相關的基因出現變化，且端粒酶的活性增加（以統計學上的顯著差異爲分界）。

短期內可降低壓力並清除腦內廢物，若能再持續下去，更可望提升免疫力並延長端粒。冥想的效果已然超越單純的『心理作用』層次，是具有科學證據、獲得了許多研究證實的。」

全球菁英都在實行的最高休息法——正念

「原來是這樣啊！可是……也許是我有點落伍吧，講到冥想，無論如何就是會有點抗拒吔。總覺得像是什麼奇怪的邪教會做的事……」

「的確，冥想似乎就是帶有這種形象。而實際上，絕大多數的冥想也都具有宗教背景。不過在這之中，有種源自原始佛教的冥想排除了宗教性，以極爲單純的形式導入到西方。據說是在19世紀，由維多利亞時代的英國人從斯里蘭卡帶回來的。這種冥想就叫做『正念』（Mindfulness）！」

「正念……？這個詞我在日本好像也聽過。是Google也有在實行的那個最高休息法嗎？到底爲什麼這麼受歡迎啊？」

針對我的疑問，史考特提出了三點做爲答案——

① 簡單容易，人人都可輕鬆實踐。

② 具有學術根據。

③對大腦及基因有效。

「首先，正念去除了宗教色彩，聚焦於冥想的功效，可說就是一門讓大腦與心靈休息的技術。任何人都能輕鬆實踐，而且不需要特定的工具或場所。正因爲是非常簡單的方法，所以會在具有『有效的就該採納』這種先進觀念的人之間迅速普及。

其中最具代表性的，就是位於矽谷的ＩＴ企業。其中Google式的正念訓練課程ＳＩＹ（Search Inside Yourself，搜尋內在自我）最爲知名，而除此之外，也有相當多其他企業及其經營者在實行正念。」

原來和特定宗教並無關係啊！聽到這個眞是讓人安心多了。

「但爲什麼在科學家的世界裡，與冥想有關的研究有如此大幅度的進展呢？」

「妳總是能問出好問題吔！」史考特露出滿意的微笑。「正念之所以能夠如此普及，喬恩．卡巴特．津恩（Jon Kabat-Zinn）的功勞很大。是他將既有的冥想方法化爲正念，並開始積極地在科學上嘗試驗證其效果。他以源自東方的冥想爲基礎，建構了一套正念減壓療法（ＭＢＳＲ，Mindfulness-Based Stress Reduction）。冥想的科學，可說就是從這裡開始的。」

腦的功能變強，容量變大

話雖如此，但我實在很難相信只是閉起眼睛冷靜下來，就能讓阿茲海默症的症狀有所改善。

「然後是最後的第3點……」

彷彿讀出了我的心思般，史考特伸出了三隻手指頭。

「大腦和基因是吧？」

我的這句話讓史考特的眼睛發出光芒。

「正念能夠改變大腦這件事，可說已逐漸成爲常識■[82]。大腦是由8百億個以上的神經細胞經由突觸連接而成，且這些連結會因各式各樣不同的條件不斷產生變化。大腦雖與電腦類似，但就規格與功能方面具有能無限變化之可塑性這點來說，則是和電腦大不相同呢。」

「史考特，其實來到這裡和Ｎａｎａ見面前，我曾事先和她通過電話，但她卻全都忘了。我明明已經跟她說過：『我現在就去看妳。』可是見到面時，她的反應竟然是：『唉呀，美羽，妳怎麼會在這兒？』這眞的讓我很震驚……正念若是能改變大腦，那麼，也有機會改善記憶力囉？」

我想起了之前的事，於是開口說道。

「嗯，我想那天亞希子也只是碰巧狀況比較差而已吧。總之，正念能夠延緩腦部老化這點毋庸置疑，而其中最常被提到的就是對記憶的效果。加爾德等人的研究報告便指出，容易隨年齡衰退的記憶力類型（流動性記憶），有可能藉由持續實行冥想而變得較容易維持■[83]。甚至還有兩份整合分析研究（包含60歲以上的高齡受測者）顯示，做爲一種正念介入的太極拳，能夠改善整體認知功能[84]。」

是這樣啊？事情果然還是有轉機的。

「改變的可不只有大腦的網絡喔，腦部本身還會有物理性的變化。簡單來說，就是腦的容量會變大[85]。根據卡巴特・津恩等人的研究，實行爲期8週的MBSR後，大腦皮層（大腦表層最進化的部分）的厚度會有所增加。而另有一項研究則發現，左海馬體、後扣帶皮層及小腦的灰質密度增加，因此，正念很可能有強化記憶相關大腦部位的效果。」

只要持續冥想，大腦就會變大……實在是有點難以置信。我一直以爲大腦只會不斷退化，但看來這樣的世俗說法似乎早已被推翻。

這些可都是背後有著科學證據在支持的事實，實在是太驚人了！

人腦是會「累」的——預設模式網絡

「……那，冥想到底是以怎樣的機制來改變大腦的呢？」

我整個人往前傾，對史考特提出疑問。不知不覺地，我完全跟著他的節奏在走。

「關於這部分，值得注意的是，所謂預設模式網絡（Default-mode Network）的存在。」

「……預設模式……？那是什麼東西啊？」

「欸，縮寫是DMN，我們就用這個簡稱來稱呼它吧。所謂的DMN，是由大腦的幾個部位所構成的網絡。而此腦內迴路是以大腦沒有在做任何事情時也會運作而聞名。就和即使沒踩油門，汽車引擎仍會消耗一定的燃料持續怠速一樣，屬於大腦基礎運作的DMN也會持續消耗腦部能量。根據某項研究指出，大腦整體能量消耗的60～80％都被用於DMN的運作。」

「欸？耗費這麼多能量的大腦迴路，到底有什麼作用呢？」

「關於這點，依舊是眾說紛紜。不過目前已知的是，我執（Self-reference）似乎與DMN有很大關係。」

何謂預設模式網絡（DMN）？

由內側前額葉皮質、後扣帶皮層、楔前葉、頂葉頂下葉等
所構成的大腦迴路（網絡）

特徵 1
什麼都不做、
發呆時也會運作

特徵 2
佔大腦所消耗
能量的60～80%

特徵 3
與我執及雜念
有關

「我執？」

「舉例來說，妳是不是也曾經有過某些經驗，像是明明在做眼前的工作，但卻不知不覺地想起過去的不堪回憶？又或是請了假去享受假期生活，但一想到假期結束就必須重返工作崗位，心情便不由得憂鬱起來之類的？這些簡言之就是所謂的『我執』，也就是注意力不在當下，心思爲過去或未來所俘虜的狀態。

如何？平常沒在做什麼事的時候，美羽的心思是否也總在過去或未來打轉？甚至即使是有在做某些事的時候，妳的心思可能也都不在『當下』？如此

想來，大腦的運作能量有一半以上被用於DMN這件事，似乎也就沒有那麼不可思議了，對吧？」

將注意力放在「當下」便能抑制「雜念迴路」

「……………」

我什麼話也說不出來，因爲的確都被說中了。而且最近就連在工作中也都會想起和阿聰分手的事，專注力變得無法持續。來到美國後，也一直在擔心外婆今後會如何。

換言之，我的心思整天都在過去及未來飛來飛去，完全沒有在感受眼前的現實。

「若是採取相當概括的說法，DMN可算是一種掌管『雜念』的腦內迴路。而一旦此雜念迴路過度運作，大腦便會消耗掉過多不必要的能量，於是就會越來越疲勞。」

「所以要靠『正念』，是吧？」

爲了搭上史考特的邏輯，我開口插話。他笑了一笑，又繼續解釋。

「沒錯。正念能夠讓DMN過度運作、充斥雜念的大腦冷靜下來。正念腦科學的最大功臣，非賈德森．布魯爾（Judson Brewer）莫屬。他在卡巴特．津恩曾待過的麻薩諸塞大學的正念中心擔任研究負責人。在其著作《The Craving Mind》中也寫得相當詳盡，布魯爾是一位專門研究以正念進行成癮治療的人物。

但特別的是，他還同時採納了讓進行冥想的人，能夠即時觀察自身大腦狀態的所謂神經反饋（Neuro feedback）技術。讓有冥想經驗的人戴上神經反饋裝置後實行正念，便觀察到他們的內側前額葉皮質及後扣帶皮層等部位的運作立刻平靜了下來。而這些部位正是雜念迴路DMN的主要部位■[86]。」

關於預設模式網絡，雖然還有一些不清楚的部分存在，但正念冥想能夠平息大腦迴路核心的後扣帶皮層的過度運作這點，是已經確定的。

看來實行冥想就能讓思緒安定下來這件事，已不是單純的心理作用，而是也能在大腦科學上觀察得到的事實。

被過度使用的大腦會失去「彈性」

「現在，我們終於要進入正題了。」

史考特一如往常地伸出了他的食指。

「一旦長期過度使用DMN，亦即讓心思一直圍繞著過去及未來打轉、持續為雜念所束縛，就會導致腦部的疲勞，這點是已經獲得證實的。那麼，妳覺得像這種因過度使用DMN而導致的疲勞如果不斷累積，大腦會變成怎樣呢？」

「……你的意思是，這就是腦部老化的眞面目？」

我先是愣了一下，然後才回話。

「這當然不是老化的完整原因，請務必記住在這方面，還有些部分仍未脫離假設的範疇。例如：雖然我說過DMN在沒進行任務的日常也會維持基礎運作，不過在具體進行某些作業時，後扣帶皮層的運作會增強。只是一旦作業結束，其運作程度又會恢復到基礎層次。

而有趣的是，比較年輕的大腦和老化的大腦後發現，兩者在結束任務後恢復至基礎層次的速度上是有差異的。年輕的腦一結束任務，馬上就會回到平靜狀態，但老化大腦的後扣帶皮層卻遲遲無法平靜下來。目前已知隨著年齡增長，這個回復的機制就會變得越來越遲鈍，而阿茲海默症病患的回復效率又會更爲惡化[87]。」

「這感覺就像是隨年齡增長，皮膚便不再緊繃，會逐漸失去彈性一樣呢。今天早上我吃完早餐後，照了洗臉台的鏡子，居然發現自己臉上留有床單的印子。20幾歲時根本不會發生這種事……」

聽到這話，史考特放聲大笑。

這老頭真是的，雖說我是在自嘲，但他難道就不能笑得稍微含蓄點嗎？

「……唉呀，抱歉，抱歉。確實如此。總之我想說的是，一旦長期過度使用包含後扣帶皮層在內的DMN，大腦運作的『回復』效率就會變差，腦部狀態很可能會逐漸變得類似阿茲海默症病患。」

也就是說，越是DMN長期持續過度運作的大腦、越是充滿雜念的大腦，就越容易老化。

「妳還記得β澱粉樣蛋白這玩意兒嗎？」

史考特問道。

「當然記得。就是一種不斷在腦內堆積的廢物，對吧？」

「是的。目前已證實，越是過度使用DMN的人，其腦內的β澱粉樣蛋白就越會集中堆積在相關部位■[88]。甚至也有研究指出，若在整個人生過程中都過度使用此腦部神經，或許腦內雜質就變得容易累積，罹患阿茲海默症的可能性便會提高■[89]。」

我先前提過，有些基因型的人容易罹患遺傳性的阿茲海默症，而目前已知這些人的DMN即使處於平靜狀態，其運作程度仍相當高■[90]。換句話說，他們即使是在什麼也沒做的狀態下，雜念迴路還是會持續運作。

此外，據說『教育水準低落』之所以被列爲阿茲海默症的風險因素之一（▼146頁），其實也與DMN有關。這是因爲受過教育者的大腦有許多其他腦內迴路被活化，於是DMN的運作便會減低的關係。而相反地，未曾接受過充分教育的大腦，其雜念迴路往往很難停下來，因此，一般認爲罹患阿茲海默症的風險或許就會增加。」

3個月的冥想能讓「回春酵素」的活性增加17％

「也就是說，正念具有類似美容精華液般能讓皮膚恢復彈性、水潤的作用？」

「嗯，眞聰明。正念很可能扮演了將一時升高的大腦運作程度確實下拉至原本基礎水準的角色。也就是爲大腦帶來『靈活度』，改善運作的『回復』效率。實際上已有許多研究顯示，正念或許能改變腦內β澱粉樣蛋白的狀況，創造出不易罹患阿茲海默症的狀態■[91]。而這也符合一般在冥想上所看到的驗證結果。」

史考特的眼睛再度閃耀出光輝。我看這堂課又要沒完沒了。

「然後還有，端粒！」

「喔，就是那個所謂壽命的生物標記（Biomarker）」

我匆忙地搭了個腔。

「沒錯，就是它。曾有研究報告指出，透過正念減壓療法（MBSR）的實行，端粒較能夠維持其長度■[92]。此外，還有人提出實行正念3個月後，端粒酶的活性提升了17%的驚人結果■[93]。端粒酶是一種酵素，負責掌管端粒的修復與維護。另外再補充一下，在整合分析研究中，正念對端粒酶的提升呈現出了中度的效果量（d=0．46）■[94]。」

「換句話說，正念不僅能改變大腦，甚至還能改變基因？」

「是的。心思的遊蕩，也就是DMN的過度運作，會促進端粒的縮短。而相反地，能夠讓雜念迴路平靜下來的正念，則能夠去除縮短端粒的因素，促進端粒的修復。可見正念也可能會影響長壽基因呢。

只不過就像剛剛說過的，截至目前爲止，這些並非都已全部獲得證實。畢竟這是最尖端科學正在探索的領域，今後隨著更多數據資料的出現，想必會有更多新的發現。」

將意識導向「呼吸」，讓大腦恢復年輕

——正念呼吸法

「這些事情我都沒聽過，眞是令人驚訝。不過……或許是我有偏見吧，但冥想就是會給人一種可疑的印象……」

「這樣嗎？當然，若是有抗拒感，也不需要勉強採納就是了。但就像我一開始說過的，正念已排除了宗教性質，這是一種爲了讓講究實用性的美國人也能接受，而將冥想的「益處」直接擷取出來的方法。如果願意，美羽妳也試試看吧？」

「嗯，欸……這個嘛。可是，像我這種充滿雜念的人也做得來嗎……」

「妳放心，一定可以！妳先坐在那張椅子上，稍微把背挺直，腹部放鬆。有沒有哪裡特別緊繃？請讓身體整個放鬆，還可以輕輕閉上眼睛。對了對了，很好。」

眞沒想到，在日本連打坐都沒做過的我，到了美國竟然做起冥想來……彷彿沒注意到我的困惑，史考特興高采烈地繼續爲我解說。

「好了，準備好就開始試著呼吸。但也不用刻意地深呼吸，而是要像到目前爲止一樣，無意識地繼續呼吸即可。接著將注意力轉向呼吸。這樣說妳可能無法理解，這訣竅就在於試著意識到『與呼吸有關的感覺』，也就是仔細感受吸入的空氣通過鼻腔的感覺，還有空氣進入身體而使得腹部膨脹起來的動作等。」

我繼續照著他的指示做，但並沒有出現什麼特別的反應。……什麼嘛，雖說是簡單的方法，但這也未免太簡單了點。

儘管我開始擔心起這樣是否真能讓DMN平靜下來，但由於史考特一直沉默不語，所以我也只好一直閉著眼睛。

不必努力「消除雜念」

在我做這種事的時候，外婆的老化想必也還是在持續進行著。喔不，不只是外婆，就連我自己也是每一刻都在持續變老。

昨晚夢見的「3個老太婆」惡夢又再度重現我腦海。

「我想，妳差不多開始出現雜念了，對吧？」

我聽見史考特的聲音。被他說到正中紅心！

「原本注意力應該是放在呼吸上，但美羽妳的大腦卻不知不覺地離開了在『當下』的呼吸，晃蕩到了過去或未來。這就是DMN的運作，是讓腦袋疲勞的『我執』啊。」

雖然有點惱怒，但看來史考特似乎是徹底看穿了我的心思。

「對，對不起……不知不覺地就……」

「不不不，不是這樣的，美羽。正念的第一步，就是要像這樣先『注意到』自己的心思在四處遊蕩。因爲充滿雜念的大腦甚至連自己平常充滿了雜念這件事都不知道。光是能注意到這件事，美羽妳的腦袋就已經比幾分鐘前要成長許多了。」

聽到我的回應，史考特匆忙地補充說。

「聽到這話眞是令人鬆一口氣。」

我對史考特笑了一笑。

「……那麼接下來，要怎麼消除這些雜念呢？」

史考特緩慢地、深深地點了個頭後說。

「不必試圖消除雜念！」

「欸？」

我不由自主地睜開眼睛望向他。

「什，什麼意思？」

「正念的目的並不是要消除雜念。在意識到呼吸時，若發現自己的心思於四處晃蕩，那就慢慢地將注意力再拉回到呼吸上。就是這樣而已。若還是有雜念出現，也同樣注意到雜念，然後面對妳的呼吸。就這樣反覆實行即可。這就是正念的最基本形式──正念呼吸法。那麼美羽，從現在起10分鐘，姑且讓我們一起試試看吧。」

＊　＊　＊

接下來的10分鐘對我來說相當痛苦。沒想到什麼都不做，只專注於「當下」竟然是這麼難的事。才短短10分鐘，注意力不知到處亂飛亂轉了多少次，腦袋裡一直不斷地有思緒來來去去，被雜念掌控的時間搞不好還比較長呢。

「嗯，每個人一開始都是這樣的。重要的是，即使無法如自己想像的那麼專注，也不用責怪自己。試著每天持續這樣做10分鐘，應該就能實際感受到自己的心思漸漸地不再亂晃亂轉了。」

就靠這個，眞的能……？

「基於當前科學上的探究成果，正念可說是避免大腦老化最具效果的方法之一。而且也沒什麼方法比這個更簡單又容易實行的了，簡直可稱得上是『世上最簡單的大腦回春術』呢。」

彷彿看出了我的糾結與憂慮，史考特溫和地補充說。

Lecture6

所謂老化其實是一種「大腦的進化」

——老化的積極面——

「嘿，美羽。」

離開位於「永恆之家」老人院青年樓的起居室，當我正走在被稱做「冥河（Styx）」的走廊時，有人從身後叫住了我。是管理人卡爾文。

「妳果然還是決定留下來了。謝謝妳！或者我應該向史考特道謝才對。」

他說完，臉上便浮現溫和的笑容。

老實說，我還是無法相信透過冥想便能夠讓大腦產生變化。但幾天前史考特的講課內容和那天的10分鐘冥想，對我來說，也並非真的一無所獲。離開永恆之家……畢竟一度做出如此決定的我，想法又因此有了很大改變。

「卡爾文，我之前說了一些話，造成你的麻煩，眞是對不起。上禮拜發生了一些事，讓我有所動搖。不過已經沒事了，從現在起也請多多關照！」

「美羽……」在一陣短暫的沉默後，卡爾文緩緩地開口說：「其實有件事我一直很好奇。妳還記得妳和史考特第一次見面時，他曾說過一句話：

『變老眞的很可怕吧？』雖然妳當時否認了……但這該不會剛好讓妳想到了些什麼吧？」

我心頭一驚，屛住了呼吸。沒錯，那時他的確說過這句，然後這句話也懸在我心上好久。

「你怎麼……怎麼會想到要問這個？」

連我自己都聽得出自己的聲音在顫抖。

「抱，抱歉！我絕不是刻意要造成妳的困擾。只是……我想說，如果史考特說的是眞的……那我之前拼命建議妳住進『永恆之家』的行爲，肯定讓妳覺得很煩吧！」

這位敏感纖細的年輕黑人似乎立刻注意到了我的不對勁，於是匆忙開口。

讓大腦「適應」老化——跨世代交流與減敏

「這你就不用擔心了。」

從我身後突然傳來聲音，站著說話的我們回頭一看，史考特正從長者樓穿過「冥河」，朝著我們這邊走來。

「要降低對老化的恐懼，跨世代交流是個有效辦法■[95]。實際上已有研究報告指出，年輕人和老年人經過交流後，年輕人對老化的刻板印象會有所減低■[96]。」

「這正是這個老人院在做的事呢。」

卡爾文愉快地回應。

是啊，「永恆之家」就是一個讓年輕人和老人共同生活的「跨世代交流老人院」。

「沒錯。甚至還曾有一項研究表示，光是反覆觀看老年人的影像，也有助於緩解對老化的負面情緒。即使是一開始對老有所排斥、抗拒的人，只要持續觀看老人的影像，大腦便會漸漸適應，逐漸能以不同的觀點來看待老化這件事。這就叫『減敏（Desensitization）』。不過，如果試圖以很快的速度減敏，也可能反而會增強對老化的抗拒感[97]。」

不同於幾代人同住一個屋簷下的時代，在家庭型態核心化的現代，人們越來越少有機會能接觸不同世代的多元價值觀，於是，對老化的恐懼就很容易產生。

在『老』變得越來越神秘的今日，最簡單易懂的解決辦法，或許就像「永恆之家」的方式。

其實，像這樣每週和史考特講話，無疑也是一種跨世代交流。如此說來，一開始覺得這位老人的容貌相當奇特，我現在似乎也已經看得很習慣了。

「……喔，對了，今天是星期五，是你們的上課日吔。還是別妨礙你們比較好，我差不多該走了。」

卡爾文說完，便消失在對向的岸邊，也就是長者樓的方向。

「卡爾文總是那麼冷靜，真的是個心靈充滿正念之人。妳不覺得嗎，美羽？」

史考特一邊望著卡爾文離開的方向，一邊嘀咕著。

史考特說得沒錯。若是少了卡爾文的細膩周到，這「永恆之家」就不可能實現其不可思議的舒適感。

「確實如此……不過史考特，就像卡爾文剛剛講的，那個時候你為什麼會知道我『害怕變老』呢？」

我大膽地提起剛才的話題。

「嗯……這個嘛……我當然沒打算要隱瞞，不過，妳可以先讓我問個問題嗎？到底是什麼讓妳感到這麼害怕呢？」

「是，是那個……」

我瞬間變得吞吞吐吐。但一看到他那似乎什麼都能看穿的眼睛，便覺得自己無法遮掩任何事情。

「你知道我在做的是工程師的工作嗎？」

接著，我把「厄爾畢斯II」的事情一五一十地說了出來。包括在與知名化妝品品牌的合作專案中，研發「老化模擬器」，而此裝置是為了促銷化妝品而挑起顧客們「對老化的恐懼」，還有身爲開發人員的我也被「50年後的自己」的幻影所束縛，變得時時刻刻都恐懼著該身影。

史考特毫無驚訝之色，面無表情地靜靜聽我訴說。

他是在生氣嗎？肯定是生氣了。畢竟我爲了化妝品製造商的利益，而把人們推下了恐老症（Gerontophobia）的深淵……

史考特不是說過：**恐懼老化反而會進一步導致端粒縮短，很可能會加速人的衰老。**

「史考特，對不起，先前都瞞著你。這些一直讓我很困擾，開發這樣的產品，眞的能讓大家幸福嗎？但結果最被『老』這件事給困住的，卻是我自己。所以到了這裡，見到已徹底改變的Ｎａｎａ的身影時，我內心有某處就變得怪怪的……到底該怎麼辦才好，我眞的不知道。」

對於我的道歉，史考特沒試圖做出任何回應。

這也難怪，畢竟他每週教授老化科學課程的學生，竟然是抗衰老至上主義的幫凶之一。即使是平常一派溫和的這老人，想必現在也是氣炸了才對。

我戰戰兢兢地看向史考特的臉，但卻完全無法從那表情中讀出他的心思。就在這時，史考特開口了。

「亞希子，也就是妳外婆，年輕時也一直都很討厭變老這件事。她怕一旦老了，存在於自己內在的那些新鮮豐富的感性與創造力就會消失，身爲藝術家的她，到時就會變得毫無用處。

美羽……我第一次在『永恆之家』的休閒娛樂室看到妳時，妳當時看老人們的眼神，就和年輕時的亞希子一模一樣，所以我才會覺得『這孩子很怕老』。」

Ｎａｎａ她……我完全不知道這件事。

看來，媽媽、我，還有外婆三個人，終究都以各自不同的方式被「老化」給困住了啊。

「走廊上的閒聊差不多就到此爲止吧，今天的課程再度回到久違了的我房間進行如何？我買了新的綠茶喔。」

無視於大爲震驚的我，史考特繼續說道。

如何認知老化才有利？

「人人都怕變老。」在從茶壺倒出茶水的同時，史考特開始說話。「但要怎麼克服就是個人的問題了。不過，有幾個方法有助於克服這點，我可以教妳。」

我一邊把史考特泡給我的茶接過來，一邊點了點頭。

「美羽，妳覺得變老有哪些負面性質？先試著以句子的形式，逐一條列出來。例如：使用『老化是○○的』這種句型。」

「負面性質，是嗎？沒問題，交給我。那個，我想想……『老化是衰退的、退化的、無趣的、能力降低的、沒價值的、醜的、令人不愉快的……』。」

這要列出多少個都不成問題呢。

「好了。現在請說說看，當這些句子浮現妳腦海時，妳有什麼感覺？」

在我把想到的都寫進筆記本之前，他立刻又說。

「嗯，『黑暗』、『沒希望』之類的？還有『憂鬱』、『焦慮不安』……」

「那，有這些情緒、感覺時，美羽妳會採取什麼樣的行動？請用動詞描述。」

「這個嘛，『逃避』、『躲起來』、『焦急』、『放棄』、『變得很小心謹慎』、『試圖遮掩』……大概就是這些吧。」

「嗯，很好。不過，不必勉強改變這點。首先，請原原本本地接受『自己具有這樣的認知，因此會產生出這樣的情緒及行動』這一事實。」

確實如此，我對老化具有負面認知，因而產生了各式各樣的糾結。阿聰跟我分手時，我覺得自己是「輸給了年輕」，自願接下老化模擬器的開發專案也是、被「50年後的自己」的幻影給困住也是……

「接著，請試著把妳一開始列出的句子寫成『反義詞』。」

「反義詞？就是改成相反的意思，對吧？」

我照著史考特說的，在剛剛寫的句子旁寫下意思完全相反的句子——

- 老化是衰退的 —— 老化是成長的
- 老化是退化的 —— 老化是進化的
- 老化是無趣的 —— 老化是有趣的
- 老化是能力降低的 —— 老化是能力提升的
- 老化是沒價值的 —— 老化是有價值的
- 老化是醜的 —— 老化是美的
- 老化是令人不愉快的 —— 老化是令人愉快的

史考特滿意地點點頭。

「那，這會導致怎樣的行動呢？」

「會想讓自己進一步成長。去運動或進修學習之類的，會想變得更積極、活躍、加強既有的優勢、好好珍惜剩餘的功能、提高效率……還有就是關愛自己、注意自己的衣著打扮、變得更有個性、順其自然等，我會想到這些動詞敘述。」

「哇，想到相當多吔。那我問妳，妳覺得以負面態度來認知老化和以相反的態度來認知老化，哪個比較能產生可達成自身幸福的行動？就讓自己健康地變老而言，妳覺得哪個比較有幫助？」

我的視線落在筆記本上，毫不猶豫地回答。

「後者。」

「那現在妳再好好把這兩種句子（認知）看一遍。美羽，妳可以自由選擇任一種認知。因爲要如何看待老化這件事，是由自己決定。這時，妳會選哪邊？」

想都不用想，當然是後者。

史考特露出一如往常皺巴巴的笑容。不知爲何，我感覺鬆了一口氣。

眞是不可思議。明明只要平常就採取後者那種認知方式就好——老化是成長的、老化是進化的、老化是有趣的等等，我卻反而選了會導致不利行動的認知方式。照著史考特所說的順序思考，我開始覺得自己一定能改變自己的想法。

「認知療法的大師大衛・伯恩斯（David D. Burns）這麼寫到：『你的想法決定了你的心情與行動，而能夠決定要怎麼想的，只有你自己本身』[98]。剛剛妳所做的，是認知療法中較先進的所謂ACT（Acceptance and Commitment Therapy）方法的簡化版。

ACT是誕生於一九九九年的一種輔導諮商方法，以正念及認知療法的觀念爲基礎[99]。傳統的認知療法，比較像是以替換舊的認知方式爲目的；而相對於此，ACT的重點則在於接納（Acceptance）該認知。

而這也正是正念的本質。還記得我說過，即使注意力跑掉了，沒好好放在呼吸上，也不用責怪自己嗎？不是抑制雜念，而是原原本本地『接納』雜念已經產生的事實，這就是正念。

同樣地，ACT這種方法也不是要人勉強改變自己既有的想法，而是要先接納。然後再根據自己的價值觀去選擇，並按照本人的意志採取行動。這和源自日本的森田療法*中『原原本本地接納，然後再採取行動』的概念也相當類似呢。」

「也就是說，並不需要突然改變想法，對吧？」

「是的，要先接納自己的想法及感受，這就是與認知療法的差異所在。人對老化的既定觀念是很難改變的，但就算不徹底消除那樣的觀念，還是能夠製造出必要的行爲變化。」

沒必要勉強消除對老化的厭惡感——一聽到這個，整個人就覺得輕鬆多了。

*注：森田療法（Morita therapy），是由日本精神醫學家森田正馬於一九一九年創立的，目前被公認為對治療神經質症，尤其是強迫症、焦慮症等有較好療效的療法。

ACT的四個步驟

STEP 1 注意到認知

藉由寫成句子的方式，讓自己對老化的負面認知，因此，產生的情緒及行動等具體顯現出來。然後，不要勉強改變它，而是要姑且接受它。

STEP 2 觀察認知

藉由寫出與剛剛相反的句子來拆解認知，以達成更具分析性的觀察。

STEP 3 確認價值

再次確認對自己來説，比較重要的是更好的老化。

STEP 4 採取行動

重新「選擇」符合自己價值觀的認知方式，並採取相符的行動。

任何「喪失」都擊不垮的幸福

——心理社會發展論

「截至目前為止，我們講的都是認知層次的部分，而實際上老化也的確具有正向、積極的一面。人們之所以無法察覺這點，主要是因爲絕大多數人都只把老化理解爲一種『身體現象』。只聚焦於身體的老化，完全就是正中了抗衰老產業的下懷啊。」

嶔嶔地啜了一口手邊的茶，史考特繼續說道。

唉喲……聽起來眞刺耳，這是在諷刺我吧。

「原來如此。換言之，若要從對老化的恐懼中解放出來，就必須重新審視老化這件事，也將它理解爲一種『心理現象』，讓光線照射在其積極面才行，是吧？」

我假裝沒意識到，緊接著答腔說。

「有些人一直到死都沒能注意到『內在老化』的價值。如果能從30幾歲，甚至可能從20幾歲開始就更注重內在的話，現代人『變老的方式』應該就會有很大改變。我們在某段期間會注意到外觀上的衰老變化，而這是一種通知，叫我們『將重心轉移到內在成長上』的訊號。」

但我們卻對這訊號視而不見，不僅拼命地予以忽略，還試圖掩飾，不讓別人發現。

我腦海中浮現以「元祖．美魔女」之類稱號受到媒體歡迎的母親的臉，我那表面上老愛吹噓說：「有時沒卸妝就睡了、總是愛吃什麼就吃什麼」等，但其實在家每次只要發現一點小細紋，就能讓自己瀕臨崩潰的媽媽——她也是一直都不看訊號的呢。

「人類的內在成長並不只是『從小孩變大人』這麼單純，也不是成了大人就不再變化。例如：有個很有名的心理社會發展理論，是將人類的發展分成『嬰兒期、幼兒前期、幼兒晚期、學童期、青少年期、成年早期、壯年期、老年期』等共8個階段。這是由一位德裔美國人精神分析學家愛利克．艾瑞克森（Erik Erikson）所提倡的想法。根據艾瑞克森的說法，各個發展

艾瑞克森的心理社會發展論

發展階段	課題	中心德目
嬰兒期	基本的信任 vs. 不信任	希望
幼兒前期	獨立自主 vs. 羞怯懷疑	意志
幼兒晚期	主動 vs. 罪惡感	目的
學童期	勤奮 vs. 自卑	能力
青少年期	自我認同 vs. 角色混淆	誠實
成年早期	親密 vs. 孤立	愛
壯年期	生產 vs. 停滯頹廢	關懷
老年期	統整 vs. 悲觀絕望	智慧

階段分別有其特定的發展課題。像是青少年期的課題是自我認同（我是誰？）、成年早期的課題是親密（我能不能去愛某個人？）等。而能否於各階段完成這些課題、獲得這些能力，大大左右了人格的形成■[100]。

身體的衰老正是進入下一階段的提示。如果錯過了該提示，把課題放在一邊沒有去完成，發展就會不夠充分，無法妥善應付各個階段的要求。

相反地，能夠適度接受身體的老化同時發展內在的人，不論未來將失去些什麼，他都不會氣餒，而能夠獲得最極致的幸福感。」

按照艾瑞克森的發展階段看來，我屬於成年早期。所以我的發展課題是「親密」——我能不能去愛某個人？又或是變得「孤立」？我的腦袋裡浮現阿聰的臉，胸口一陣刺痛。

孔子的「耳順」與艾瑞克森的「完美無憾」

「……那，壯年期和老年期的課題是什麼呢？」

「壯年期的課題是『生產』與停滯頹廢，老年期的則是『統整』與悲觀絕望。

所謂的生產，是指能否接受將自己的生命交棒給下一代，並爲了保護下一代而採取利他的行動。致力於解決環境問題的人會說什麼『希望把更好的地球留給後代子孫』之類的話，可說就是一種生產能力的獲得。」

對於我的疑問，史考特回答說。

「老年期的課題統整又是什麼意思呢？」

「這是指接受自己的人生是自己的責任，而且對死亡也能保有安穩冷靜的態度。」

嗯，感覺好像有點懂又好像不太懂……

「像這樣的觀念，即使不特地參照艾瑞克森的理論，其實在東方也有啊。那個《論語》裡就有提到了。」

或許是看出了我似懂非懂，史考特又繼續補充說，接著便把手邊的平板電腦秀給我看——

子曰

吾十有五而志於學

三十而立

四十而不惑

五十而知天命
六十而耳順
七十而從心所欲不踰矩
（我十五歲時立志向學，三十歲時能夠自立，四十歲時不再迷惑，五十歲時明白自己的本份，六十歲時聽到不中聽的話不會氣憤，七十歲時能夠隨心所欲地行動，但卻從不致於逾越規矩。）

孔子的這段話實在是太有名了。

「在艾瑞克森的理論中，以『整合』爲課題的老年期，便是從60歲左右開始。對照起來，就相當於孔子說的『耳順』，意思類似於『坦率地接受』。不過，人的壽命不斷延長，時代也在持續改變，因此也有人說這應該約莫是現代年齡的七折左右。不管怎樣，總之就是孔子也曾提出過『人要花一輩子的時間不斷成長』這種想法。」

記憶力的減退有其順序——流動記憶與結晶記憶

「Nana的內在是怎樣的呢？記憶好像很模糊。有時想不起來看她的人叫什麼名字，還會忘了前一天發生的事……感覺不像有『統整』吔。」

我不自覺地一邊嘆氣一邊喃喃自語。

「……嗯，亞希子的短期記憶（從幾分鐘到幾天的記憶）確實有減退的現象。不過，瞬間記憶（從幾秒鐘到1分鐘）似乎沒有那麼糟。例如：若妳跟她講3個左右的詞彙，她當場應該有辦法重複一遍，對吧？」

史考特靜靜地點了幾次頭，然後緩緩地開口說。

史考特說得沒錯。像我昨天問她：「我要去買東西，○○和○○和○○都還有嗎？」之類的問題，她都能正常回應。

「嗯，果然如此。發生在亞希子身上的，其實是老年人典型的記憶力減退問題。也就是雖然短期記憶衰退了，但仍保有瞬間記憶的狀態。」

看見我點了頭之後，史考特便繼續說。

「說到記憶，還有一件事令我很驚訝。那就是儘管她在金錢的管理上及計算上的處理速度變慢很多，但若把彩色鉛筆和素描本交給她，她卻還是能以絕非外行人的驚人速度與精細度畫出圖來。」

我拿出手機，把圖秀給史考特看。我把外婆的畫拍了下來。

「這可從流動記憶與結晶記憶的差異來解釋。目前已知流動記憶，亦即與眼前作業的處理能力有關的記憶力，容易隨著年齡增加而降低，相對於此，結晶記憶，亦即基於經驗累積所培養出來的作業能力，反而有隨著年齡增加而成長的傾向■[101]。這種現象叫熟練化。舉例來說，打字員即使老了，也很少看到隨年齡增長而速度變慢的現象。他們藉由迅速存取長期累積的記憶來預讀，以前所未有的形式持續發揮能力，這在許多專業技藝領域都能看到。」

史考特突然陷入沉默，凝視著外婆畫的圖。

「話雖如此，但這也未免畫得太好了……」

以鮮黃色的牆面爲背景，插在花瓶裡的花彷彿就快溢出般地讓紫色的花瓣拼命綻放，其色彩之豔麗，完全不像是用彩色鉛筆畫的。

「……這，不知是什麼花來著……」

我突然冒出了這句話。

「妳竟然不知道？是梵谷的畫啊。她是以紐約大都會藝術博物館所收藏的梵谷的油畫《鳶尾花》爲主題。」

史考特平靜地回應道。在說這句話的同時，史考特彷彿想到了什麼似的瞇起了眼睛。

大腦會隨年齡增長而「進化」
——HAROLD與PASA

「短期記憶或流動記憶的減退，雖與腦部的老化脫不了關係，不過，這也是一種衰老的大腦正在實踐『全新進化』的表現。」

「欸？全新進化……？」

就在我愣了一下時，史考特又一如往常地伸出他的食指補充。這是他說到重點時的習慣動作。

「是的，但這當然不是如字面意義的生物學上的那種進化。即使變老，大腦還是會持續變化。目前已知在短期記憶衰退的老人大腦裡，有一種彌補系統在運作，該系統會試圖藉由強化額葉與枕葉的連結，來維持並改善記憶[102]。而且還不只如此，例如：先前我已提過，大腦會隨著年齡增長而縮小，但不知爲何，在腦的萎縮率與認知功能下降之間卻難以看見關聯性。」

「你的意思是，明明腦變小了，認知能力卻意外地還是能夠維持？」

「沒錯！因此對於這部分，可能的解釋是『**已開始萎縮的老人大腦，試圖藉由獨特大腦迴路的形成，來維持認知功能**』。讓我來介紹幾個顯示了老人大腦的適應力與進化現象的例子。例如：目前已知有些年輕人只靠右側顳葉運作來處理的任務，老人卻是同時運用了左右兩側來應付。這種現象被稱做HAROLD(Hemispheric Asymmetry Reduction in Older Adults：老年人的大腦半球非對稱性下降）[103]。

此外，與年輕人相比，在老人的大腦裡也已觀察到了額葉較爲活躍、枕葉的活動量較低的所謂PASA現象（Posterior-Anterior Shift in Aging：老化的前後轉換現象）[104]。」

原來如此，就和隨著年齡增長，人的內在會越來越成熟一樣，腦部也會有獨特的物理變化產生啊。

為了突破「停滯」，大腦的「煞車」減弱

「有件事或許和這有關……就是我有時會覺得Nana好像變了個人似的，和以前很不一樣。我也說不清楚……簡言之，感覺她就像個孩子一

樣。」

想趁著這個機會把自己覺得奇怪的事全都問一問的我，對史考特提出了問題。

「阿茲海默症的陰影已然逼近亞希子這件事，我並不否認。只不過，老人的腦和小孩的腦相似這點，在科學領域裡也一直都有人討論。

人一旦上了年紀，額葉中掌管理性的部分（前額葉皮質）會變弱，掌管情緒的迴路（腹內側前額葉皮質）則變得相對優勢。其結果就是老人的腦變得和小孩一樣以情緒為中心，而在科學如此發達的這世上，此事依舊是個大謎團■105。

掌管理性的冷靜額葉，在小孩的腦子裡是尚未發展，在老人的腦子裡則是容易萎縮。而掌管情緒的熱情額葉（包括前扣帶皮層），在小孩的腦子裡是發展迅速，在老人的腦子裡則是不易萎縮。在大腦科學上，已實際觀察到這樣在結構上的類似性可做為其支持證據■106。」

「原來是這樣啊……真可惜，Ｎａｎａ以前是比較犀利而強硬的，我就是喜歡那樣的她。」

聽到這話的史考特笑了一笑。

「雖然也要依實際狀況而定，不過，老人的大腦所產生的這種『小孩感』或許也有其合乎目的性。直接順應當下情緒的傾向，會喚起周圍人們『必須要幫助這個人才行……』的想法。

此外，執著於自己想做的事，坦率地朝著該方向行動的傾向，也有助於突破因年齡而導致的停滯。畢竟不論到了幾歲，偶爾任性妄為一下都是很重要的。」

他說完，又發出一貫的詭異笑聲。不知爲何，這老頭確實不太會讓人感受到「停滯」。我突然想起史考特騎著雙座自行車開心嬉鬧的樣子。

開始做出「積極選擇」的大腦——社會情緒選擇理論

「也有人指出，像這種類似『返老還童』的現象亦有其積極、正向的效果。」

「積極正向？確實Nana儘管有些痴呆，但在某些方面卻是相當積極呢。」

「沒錯，就是這樣。南加州大學的記憶科學家瑪拉．瑪瑟（Mara Mather）等人發現，在大腦科學的層面上，老年人顯示出較關心正向資訊甚於負面事物的傾向。他們把許多人的臉部表情拿給老人看，結果比起消極負面的表情，老人們比較能清楚記得積極正向的臉部表情。詳細說明就省了。其實此現象的促成，和大腦即使衰老掌管情緒的部位（內側前額葉皮質及前扣帶皮層）仍能保持這件事很有關係■[107]。

另外，還有人透過實際觀察發現，一旦上了年紀，大腦就會產生變化，變得能夠排除情緒的雜音，於是就比較容易達成不受一時情緒左右的穩定狀態■[108]。實際上在這『永恆之家』裡，的確有些人妳光是跟他聊聊天就會覺得很平靜放鬆，對吧？像這種類似所謂欣快感（Euphoria）般的東西，或許可稱得上是老人特有的一種『大腦進化』的產物呢。」

人類眞是設計得太精巧了，明明是客觀看來充滿艱辛痛苦的老後，大腦卻會自動調整成讓本人比較容易看到正向事物的狀態。

「甚至，老人的大腦還會變得能夠避免會導致負面結果的行動，也就是會變得比較擅長閃避路邊石頭的意思。要說這是冒險性降低或許也沒錯，不過基本上，就是能夠依據過去的失敗經驗，做出更穩當可靠、風險較低的選擇。這就叫確定性效果（Certainty Effect）■[109]。

關注積極正向的資訊，避免有風險的行爲——簡言之，老人的大腦會逐漸變化成能夠分配資源給可達成自我滿足的活動。由史丹佛大學的心理學家蘿拉・卡斯滕森（Laura Carstensen）所提倡的這個觀念，被稱做社會情緒選擇理論（Socioemotional Selectivity Theory）■[110]。」

每5人中便有1人達到的境界
——托斯塔姆的「超越老化」

「變老這件事（至少在主觀上），或許不像我所想的那麼痛苦。」一邊聽著史考特的論述，一邊漸漸開始這麼覺得。

雖然ACT之類的方法也很令人安心，不過，這些事實讓走理工路線的我更覺得有說服力。

「人的大腦雖然會逐漸衰老，但同時也會靈活地做出改變，以進行補償。」

聽了我這句話後，史考特滿意地點了點頭。

「被認爲是隨年齡增長的腦部變化極致，也就是所謂的超越老化（Gerotranscendence）。這是由瑞典的社會學家托斯塔姆（Lars Tornstam）所提倡的概念，簡單來說，就是不論失去些什麼都不氣餒，已獲得擺脫既有價值觀束縛之高層次觀點的狀態。根據他的統計，在65歲以上的老人中，約有20％的人達到了這種超越老化的境界■[111]。」

「這台詞我還是第一次聽到。超越老化，感覺和剛剛史考特你說過的**『可在老人身上看到的欣快感』**似乎也有點關聯性。」

「喔，妳這見解相當精闢吔。依據托斯塔姆的說法，這樣的超越可在三個領域中觀察到。

首先是『社會領域』，老人會變得更重視與少數人深交，會擁有自己獨特的價值觀。其次是『自我領域』，達到超越境界的老人，變得利他甚於利己，且對自己的身體及容貌等不再那麼講究，就連過去的負面事件也能以肯定的態度看待。最後是『宇宙領域』，時間及空間的界線消失，開始能夠感覺到現在、過去與未來彷彿合而爲一，甚至還可能達到超越生死的意識境界■[112]。」

是否有一天，我也能達到那樣的境界呢？我完全無法想像不論對容貌、時間還是生死，都變得不在意是什麼狀況。

不過，我確實覺得一旦達成那種狀態，人肯定會感到很幸福。

「不知爲何，我覺得這話似乎與正念也有點共通性。」

「美羽妳總是能說出很有意思的話呢。正念領域的大師釋一行（Thích Nhất Hạnh）曾說過：『開悟的境界就是超越生、死、存在、虛無的狀態。』■[113]畢竟原原本本地接納一切，便是所謂的正念。」

「不過話說回來，史考特，只有20％的人能達到超越老化的境地，這實在有點殘酷，難道沒有什麼別的辦法了嗎？」

「根據托斯塔姆的說法，越是具有『積極活躍』、『曾擔任專業性工作』、『居住在相對較都市化的地方』、『經歷過許多重大疾病』等特徵的人，就越能夠達到超越老化的境界。但顯示出最大相關性的，其實是『年齡』。」

史考特突然改以氣音小聲地說。

「欸？也就是說，越是長壽的人，就越容易達到什麼都不在意、能夠原原本本地接納一切的境地？」

「是的，而且超越老化還有一個好處。依據社會學家李維史陀的說法，達到此境界的人，藉由想到年齡增長的美妙之處和成就感，便可減低壓力，進而也變得較容易避免心跳速率及血壓升高。換言之，超越老化『對健康也有益』呢[114]。」

「善待自己」也要有技巧——溫柔的慈悲心

「老化往往容易被視爲是單一方向的『退化』，但其實那不過是一種刻板印象罷了。人類大腦的厲害之處就在於，即使某個功能變差了，也會有各式各樣的機制被啓動以進行補償。」

老化會讓人有所失去，但並不是全部。這麼想來，衰老其實是相當複雜的，而且似乎還有點深度、有些迷人。

史考特的課程顯然緩解了我的「恐老症」，感覺就像牢牢地束縛於內心深處的咒語，逐漸鬆了開來。

「我給妳看個好東西。」

史考特說完，便從座位上站起來，慢吞吞地往房間後面走去。沒多久他手上抱了個小木盒走了回來，他把盒子放到桌上後，輕輕打開蓋子，小心地把裡頭的東西拿出來。那是個小小的陶器。

「這個陶器用了一種把破掉的碎片接起來的修復手法，名爲『金繕』。人們很容易覺得壞掉的東西、有缺漏的東西就這樣了、沒救了。但其實以前的人透過修復的方式，有時甚至能產生出超越原始物件的價值。對於像我這樣的老摳摳來說，這眞是一種相當激勵人心的藝術呢！」

我仔細觀察那陶器，確實看得到幾個碎片黏接處。但即使如此，喔不，正因爲有那些接縫，才得以醞釀出某種不可思議的美感。

「這可是妳外婆的作品喔！」

聽到此話，我大吃一驚。

「什麼？Nana做了這個……？」

「這是年輕時，她送給我的。當時我壓根兒沒想到有一天這陶器竟能帶給我這麼大的鼓勵。那是很久以前的事了。」

Ｎａｎａ現在也持續在失去許多東西，但並不是只有失去而已，一邊失去一邊修補，可能又會有所獲得呢。

「好了，接著讓我們來替今天的課程收尾。讓我來傳授一下可用於克服美羽『恐老症』的正念方法。這是一種應用了英文叫Loving-kindness、巴利語說成Metta的『慈悲冥想』法。首先，一如往常地，從呼吸冥想開始試試。」

我們就這樣直接坐在椅子上閉起眼睛。

這一週以來，我每天都持續實行冥想，所以已經不像第一次做的時候那麼抗拒了。

約莫經過10分鐘後，我聽見史考特的聲音。

「很好，接下來就是Metta，溫柔的慈悲心。首先，要試著表達自己現在的感受，請把它化為言語。」

「……例如：『變老好可怕』之類的？」

「對，就是這樣。然後問問自己，現在需要什麼才能改變那樣的感受。像是『我到底需要些什麼呢？』」

「這個嘛……可能是『恐懼消失』、『接受老化』吧……」

「那就試著這樣對自己說。不一定要出聲，請對著心裡那個小小的自己，反覆唸誦我所說的句子。」

史考特慢慢地、有間隔地逐一唸出了幾個句子——

願我總是能夠善待自己

願我能夠記住「既定觀念總是能夠改變的」這點。

願我即使無法好好接受老化，也能善待自己。

但願就算自己變老，仍能覺得舒適自在的那天終會到來。

但願自己過去的經驗能轉變成智慧。

但願終有一天，我能夠享受變老這件事。
但願變老能讓我獲得某些新東西。

「好了，現在請慢慢睜開眼睛。」

隨著史考特的聲音，我輕輕地抬起眼皮。連自己都難以置信地，我覺得心中的僵硬感被消除了。

「簡單來說，Metta亦即溫柔的慈悲心冥想，就是一種培養善意的正念。而妳剛剛是對著自己做。現代人都對自己很嚴格，總是用特定的思維或價值觀來綁住自己，習慣被束縛，而溫柔的慈悲心就是解放那些束縛的方法。一開始或許會覺得很詭異，不過，實際上在布魯爾等人使用了神經反饋技術（▼185頁）的實驗中，此方法已被證實能夠讓後扣帶皮層的運作迅速平靜下來■[115]。

美羽妳每天做完正念後，再繼續做這個溫柔的慈悲心應該會很不錯。如果可以的話，冥想結束後再針對自己唸誦的那些句子，把感受及想法溫和地

使用了神經反饋技術的實驗結果

溫柔的慈悲心，Metta（Loving-kindness）使DMN的運作平靜下來

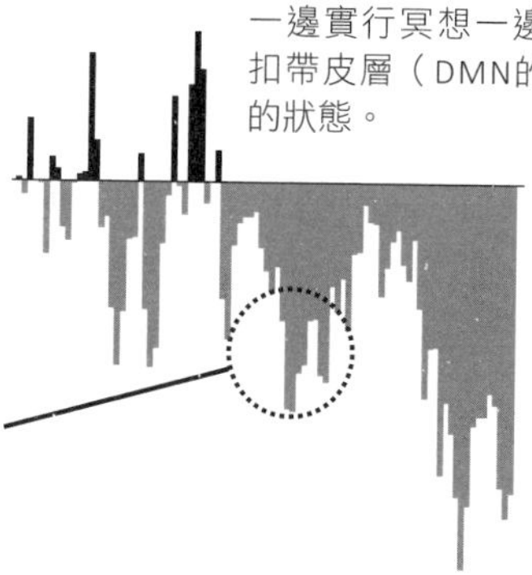
一邊實行冥想一邊直接觀察後扣帶皮層（DMN的主要部位）的狀態。
各個長條分別代表2秒的測量值。黑色表示腦部活動「活躍」，灰色表示「平靜」

寫下也會很有效喔。」

＊＊＊

「喔，我怎麼會沒想到!?用VR不就好了！」

上完史考特的課，再次渡過「冥河（Styx）」，儘管是獨自一人，我卻在這走廊的正中間大喊出來。

靈感突然降臨在我身上，與「厄爾畢斯II」完全相反的新發明。不是藉由讓人看見老化的自己來挑起人們的恐懼，而是在虛擬空間中重現能減緩對衰老的抗拒感、能讓人們接受衰老的影像。

我開始覺得，我就是爲了這個來到耶魯的。

據說，冥想能提升各種認知功能。該不會這也是正念的功勞吧？我全身的細胞都因這久違的突破感而歡欣鼓舞。

＊＊＊

恍恍惚惚地從床上起身，拉開窗簾，窗外黑壓壓的。凌晨3點40分，世界還是一片寂靜。

站在窗邊發呆的我，心中幽幽地浮現疑問：我在這兒做什麼？

環顧昏暗的房間內部，四周全都是陌生的家具。

啊，這不是我的房間。就在這瞬間，亂七八糟的情緒一擁而上，眼淚逕自潰堤。

＊＊＊

眞的很突然，「永恆之家」發生了火災。

窩在耶魯的研究室直到深夜的我，在回到老人院的路上就感到不太對勁。附近的居民都跑到路上，往同一個方向望去。雖是夜半時分，「永恆之家」所在的小山丘上卻是異常明亮。

就在我意識到那是火焰的亮度時，來自後方的消防車以驚人速度超越了我，往前方衝去。

「永恆之家」一團混亂。

「啊！」

「快逃！」

人們驚惶失措，驚叫聲此起彼落——

「Nana！」

氣喘噓噓地衝進長者樓的我，往外婆的房間奔去。

雖然這邊似乎離起火點較遠，但整個走廊煙霧瀰漫，幾乎就快看不到了。我摸索著前進，好不容易到達房間打開了門，但卻沒見到外婆的身影。

「美羽！」

從走廊深處傳來某人跑過來的聲音，是卡爾文。

「妳不能待在這兒。亞希子毫髮無傷。快，走這邊！」

他緊緊抓住我的手，朝著入口的方向衝了出去。

＊＊＊

這場大火沒有造成任何死亡。看樣子，起火點似乎是在青年樓。整棟樓約有一半都被燒得面目全非，一時之間不太可能再供人居住。

雖有幾個年輕人燒傷、受傷，不過老人們全都安然無恙，可算是不幸中的大幸。當我在獲救老人們的一角找到瑟縮得小小的外婆時，才終於感到放心，而在她身旁還有已冷靜下來的史考特的身影。

「美羽，方便借一步說話嗎？」

說話的是因混亂及救援行動而一臉憔悴的卡爾文。

他帶著我走到離老人院稍微有點距離的廣場，那裡站了好幾位穿著制服的警官。其中一人簡單地自我介紹後，說出了令我大吃一驚的話。

「妳是，葉月美羽對吧？有好幾個人作證，火災發生時，在現場有看到妳外婆。不過，我剛剛問了卡爾文，聽說妳外婆好像有失智症的傾向。明天，希望妳能帶著外婆來我們局裡一趟。」

「……不會吧？Ｎａｎａ她……？這……這怎麼可能……」

我一時說不出話來。由於實在發生了太多事，之後的事情我並沒有記得很清楚。

隔天帶著外婆去了警察局。

外婆嚇壞了，只是一個勁兒地重複「我什麼都不記得」這句話。

在「永恆之家」裡，也有好幾個人跑來逼問我：「眞是亞希子幹？」

住在青年樓的人大部分都決定搬走。還有告訴我這件事時，卡爾文的悲傷神情……

這三天來，我都借住在耶魯的研究室同事萊斯利她家。不知爲何，早上很早就醒來，幾乎什麼事也沒做，一天就這樣過去，感覺像身處於一條又長又暗的隧道裡。

話說回來，總不能這樣一直賴在她家不走，該是時候想想接下來要怎麼辦了。

我先前的想法太過天真。外婆的阿茲海默症進展速度遠比想像中快，但我卻忙著從史考特那裡吸收「老化」知識，藉此安慰自己一直不肯面對現實。這全都是我的錯。

手機鈴聲響起。果然是媽媽打來的，她從來不管時差什麼的，總是想到了就直接打過來。這邊都還不到凌晨4點呢。

「喂喂喂，美羽嗎？妳還好吧？我聽說了『那個人』的事情。說是引發火災？真是嚇壞我了！」

才不是！又還沒確定Ｎａｎａ就是犯人！我很想這麼回她，但卻發不出聲音來。

「說到這個，那個『厄爾畢斯II』，是美羽妳開發的對吧。呵呵，我啊，前幾天去店頭試用了，當場就快昏倒了呢！。爲了不要變得那麼可怕，我會更加倍努力的！」

不，妳完全搞錯了！……真正重要的是要能夠『接受』老化才對……我果然還是說不出口。

不愧是我媽，雖然我什麼話都沒回，但她似乎有感覺到我的不對勁。

「……美羽啊，我知道妳是很愛外婆的好孩子。可是……妳不覺得自己已經撐不住了嗎？回來日本吧。妳不需要背負那個人的『衰老』，妳必須要珍惜自己的『青春』啊！」

經過片刻的沉默後，她輕聲說道。

老，終究是不好的嗎？或許媽媽的想法才是對的！

「人啊，一旦老了就完了……」

Lecture 7

不讓大腦「停滯」的最佳方法

——八種生活正念技巧——

走上熟悉的山丘，「永恆之家」就在眼前。

坡道上有個身影，如小孩般的嬌小體型，彎著腰，手裡還拄著拐杖。是史考特。

其實，自從那次火災之後，這是我第一次見到他。

明明不過是三天前的事，我卻覺得彷彿恍如隔世，像是已有好幾年都沒見到這位老人了。

當我們的距離近到足以看見對方的表情時，史考特開口了。

「美羽，妳終於回來了。」

瞬間，眼淚再也止不住地決堤而出。

我很確定，對現在的我來說，他就是「安全基地」。

我不由自主地朝他奔去，緊緊抱住他。

「喔喔！……這，這是……這是怎麼了……」

不顧困惑的史考特，我就像個孩子般地放聲大哭。

恢復大腦的平靜，讓紛亂的心思冷靜下來

——平等心

我們兩人一到達「永恆之家」，便直接走向青年樓。青年樓周圍還圍著禁止進入的警示條，建築物天花板上的黑煙痕跡仍舊歷歷在目。那場火災果然是眞的。

「美羽，我們一起做一下正念好嗎？」

不知是不是感受到了我的心煩意亂，史考特體貼地如此提議，手指指了指中庭裡的一張長椅，看來是要我一起過去坐下。

「現在我們要做的是……」我屁股才剛坐下，他就開始解說：「被稱爲平等心（Equanimity：平靜）與舒適自在（Comfort and ease：安泰）的正念。如果說溫柔的慈悲心（Metta，Loving-kindness）對於恐懼及自責的念頭特別有效，那麼，這種正念就是適合在覺得不爽或心煩意亂時採用的做法。首先，一如往常地，先花個10分鐘，試著把注意力放在呼吸上。」

我輕輕閉上眼睛，將注意力導向呼吸，感受空氣通過鼻子，以及隨之而來的腹部起伏。隨著氣息的進進出出，我有一種內在的喧鬧正一點一滴地被排出至體外的感覺。

這三天我什麼都沒做，就只是一直待在萊斯利家。明明什麼都沒做，但實際上我卻發現，我的腦袋和身體根本完全沒有休息到。

越是在痛苦的時候，我們就越會忘記「休息的方法」。

「好了，現在請慢慢將注意力導向妳心思混亂這件事上。是什麼奪走了妳的冷靜？」

毫無疑問地，肯定就是那場火災。更重要的是，被懷疑爲「犯人」的，是我最愛的外婆這一事實。而再進一步追根究底，根本原因就在於外婆的「老化」。

「已經確實把『焦慮不安』給叫出來了嗎？那麼，接著就像上次一樣，請在心裡試著反覆唸誦我所說的句子。」

願我能原原本本地接納任何事物。
但願這樣的心煩意亂能夠漸漸緩和。
願我對老化的抗拒感能減緩。
願我能夠永遠記住認知可以改變。
但願安泰與舒適都會降臨在Nana和我身上。

過一會兒後，我睜開眼睛，感覺到被過去及未來所束縛的心，回到了「當下」。

若以大腦科學的說法來解釋，應該就是我那過度運作的DMN已冷靜下來了。

「美羽，妳放心。就讓我來負責說服『永恆之家』裡的所有人吧。」

史考特平靜地說。我以前好像從沒覺得這老頭有這麼可靠過。

的確，史考特受到所有老人們的愛戴。即使是陷入如此絕境，若是由他出馬，總覺得或許還是能有轉圜的餘地。

耶魯的正念研究者們

「美羽，算了啦。反正只要我離開，一切就都解決了。」

在老人們聚集的休閒娛樂室裡，外婆突然語出驚人。

除了幾個說自己在起火點附近親眼目睹外婆身影的人之外，其他絕大多數的老人們，絕對都沒有責怪外婆，而她自己應該也毫無頭緒。

但在此同時，外婆卻也無法確定「自己眞的什麼都沒做」。自己竟然已經老到這種地步這一事實，深深地傷了她的心。

「亞希子……沒有人這麼想。所以……那個，就跟以前一樣，妳就繼續待在這兒吧？」

不知怎的，史考特語無倫次地顯得有些慌亂。

「你怎麼能這麼說？亞希子是自願要離開的啊！任何人都沒權利阻止她。更何況，沒人有辦法知道她什麼時候又會再做出同樣的事，對吧？」

這時插嘴進來的，是一位最強烈主張「亞希子犯人說」的70幾歲女性。

希望外婆趕快離開，想必才是她的眞心話。

「因爲……」

史考特無法做出任何反駁。

史考特這傢伙……明明剛剛才跟我說什麼「妳放心」，看來根本一點都靠不住！

「換句話說，只要『這個人』還待在這裡，大家就無法安心過日子。實際上，這裡應該是個跨世代交流的老人院，但現在年輕人幾乎都因此跑光了，不是嗎？所以說，我覺得亞希子決定離開這裡是很了不起的。史考特，你沒打算要尊重亞希子這個明智的抉擇，是吧？」

另一位女士又窮追猛打地開口說。

這咄咄逼人的態度實在驚人。的確，聽起來也不是毫無道理。

史考特閉起嘴巴，原本矮小的體型這時又縮得更小了。

「不好意思，要打斷各位一下！」

當大家轉頭望向休閒娛樂室的入口處，便看見兩位陌生的女性站在那裡。看樣子，應該都是日本人。不過，特別引人注目的，是其中一位女性的容貌——

「（好，好漂亮……）」

「……喔，太好了，妳終於來了。」

史考特對著那位女性舉手示意。她往史考特的方向看了一眼並點點頭，接著就俐落地走向我和外婆，然後伸出右手。

「妳就是葉月美羽小姐吧？」

她日語說得相當流利。

「我是耶魯大學的小川夏帆，這位是朋美，現在是紐哈芬的超人氣貝果店的經營者喔。妳好！」

「妳，妳好……」

雖然分別與兩人握了手，但我還是有點被那氣勢給鎮懾到。原本吵吵嚷嚷的老人們，也因她那俐落洗鍊但卻又不失溫和穩重的氣場而摒息。

接著，夏帆開始改用英語跟外婆說話。

「那麼，這位想必就是美羽的外婆……應該說，是世界知名藝術家亞希子・葉月，對吧？我從以前就知道妳的作品了。妳好。」

外婆也面帶笑容地與這位女性握手。

聽見夏帆的這番話，大家開始議論紛紛。看來大家對外婆的「眞實身分」都一無所知，沒想到那位著名藝術家，竟然就住在離自己這麼近的地方呢。

「我是這位『尤達大師』的學生。啊……他在這裡好像是自稱『史考特』。我想妳可能知道，他以前是耶魯大學的教授，本名叫拉爾夫・格羅夫。不過，我都叫他尤達大師就是了。」

爲了不被老人們的吵雜聲蓋過，夏帆刻意提高音量繼續說。

在一陣沉默後，休閒娛樂室突然爆出笑聲。

史考特的長相的確和出現在電影《星際大戰》裡的那個尤達大師一模一樣。這綽號實在是太過精準，令人忍不住認眞思考起到底爲什麼以前都沒注意到。

「我第一次見到他時，他穿著縐巴巴的白色長袍，頭髮也比現在要亂得多，眞的就像是那個尤達本尊呢。不過，自從他決定在這裡度過他的第二人生後，似乎是有變得比較乾淨整齊了呢。」

「……唉呀唉呀，小夏，我眞是敗給妳了……」

史考特變成了「尤達大師」，在大家面前沙沙沙地搔起了頭來。看起來有點難爲情，但似乎又有點開心。

實現人生必不可少的「2個H」——生活正念

「其實我之所以會這樣突然來『永恆之家』打擾各位，是因爲被尤達給叫來的。火災的事情我聽他說了，眞是辛苦大家了，我想各位心裡一定還有些焦慮不安。我現在除了以耶魯大學正念中心主任的身分研究『讓大腦與心靈休息的一系列技術』外，也擔任精神科醫師的工作。我今天來到這裡，正是希望在這種時候能夠幫忙關愛、照顧一下各位。請放心，我絕不會講一些很難懂的東西。這裡還準備了一些好吃的貝果，不嫌棄的話，請大家務必一起享用。」

她說完，立刻著手將朋美準備好的貝果與綠茶分發給老人們，顯然也是個很有活力的人呢。而裝貝果的袋子上印著「MOMENT」字樣，看來應是店名無誤。

接下來由小夏主講的課程，只能用「精彩」二字形容。

她把至此為止我從尤達那兒聽來的老化科學的精華，以極為簡單易懂的話語加以解說，讓大家理解到「預防大腦衰老並非不可能」。

「所以說——」小夏彷彿是在替她的迷你講座做總結般。「各位的大腦都是很棒的『高級品』。所謂的大腦具有可塑性，就是指若以某種形式刺激大腦，該處便會產生出新的基礎。雖然光這樣就已經很了不起，不過，正如

ACTIVE研究的『5週腦部訓練效果持續了5年之久』這一結果（▼141頁）所示，關鍵其實在於『持續』。也就是說，對大腦的持續刺激可望達成長期效果。」

老人們一邊聽小夏說，一邊點頭如搗蒜。發給大家的貝果雖有嚼勁，但卻又質地鬆軟可輕易咬斷，似乎也很合他們的胃口。

而談到正念的部分時，老人們顯示出格外強烈的興趣。

「那個叫什麼正念的，也可以教我們怎麼做嗎？搞不好我哪天突然就得了失智症，會造成別人的困擾也說不定。如果有什麼可以做的，我想先努力試看看。」

其中一名聽眾甚至提出了這樣的要求。

「當然好啊！」

小夏滿臉笑容地回答，那笑容可眞是充滿了魅力啊。看來老人們（尤其是男性）之所以會這麼認眞地聽小夏說話，似乎不只是因爲主題很有趣而已。

「正念能夠替我們將每個人都會面臨的『老化』這一現象，變成比現在更棒的東西。因爲它能教會我們在維持身心健康（Health）的同時，變得幸福快樂（Happiness）的方法。正念或許可稱得上是能滿足Health與Happiness這兩個所謂『人生必不可少的2個H』的最佳抗衰老方法呢。

接下來要告訴各位的，是一套可實踐於日常生活的各種情境、由我和尤達自行編排而成的冥想程序，名爲『生活正念』。全部共有八種，今天我們只嘗試第一種就好。」

小夏說完，便開始解說我從尤達那兒學來的「正念呼吸法」、「溫柔的慈悲心（Metta、Loving-kindness）」，以及「平等心（Equanimity）」等方法。

在此將小夏的課程內容（也包括之後幾天講的）一併整理爲如下：

【概要】正念所能達成的改變

- 正念會改變「①壓力、大腦、基因」。

•正念會改變「②習慣」（阿茲海默症的風險因素，幾乎都是生活習慣↓（▼145頁）。
•為了改變習慣，必須意識到「注意↓改變↓持續」這三個步驟。
•注意：解除「自動駕駛」狀態，注意到自己不經意的習慣。
•改變：思考舊習慣的成因（渴望、刻板印象、壓力等），建立新習慣。
•持續：維持動力（科學根據的存在，也能成為一種支持的力量）並善待自己，始終樂在其中。

【方法❶】每天都能做的——呼吸是一切的根本

•每天早上進行10分鐘的正念呼吸法（持之以恆很重要，只要持續實行，DMN的過度運作便會平靜下來■116。冥想能讓長壽基因恢復年輕■117）。
•接著再加做5分鐘左右的溫柔的慈悲心或平等心。
•接納自己目前有的焦慮感（例如：對老的恐懼），將注意力放在內在的成熟上（有報告指出壽命因此延長了7年半）。
•採納ACT（▼208頁），實行接下來的❷～❽的方法，為自己指引方向。

【方法❷】運動時可做的——擁有「鳥的眼睛」

- 以每週3次、每次40分鐘的中強度有氧運動（最大心跳速率的60%左右）為標準（有數據指出失智症風險降低了40%，大腦在1年內年輕了1～2歲）。
- **【間歇正念】**在跑步／健走的過程中慢下來，或是停住站立，同時注意血液流動到手腳末端的感覺，還有呼吸逐漸趨緩時的變化。
- 以「鳥眼」俯視，並從自身之外觀察伴隨運動而來的辛苦感，彷彿靈魂出竅般。
- 採納包括正念在內的，如太極拳、瑜珈、氣功等慢運動（有助於延長端粒的效果）。
- 注意到在工作等時候，持續坐著的時間長度及坐姿，並記得要活動身體／走路（活動量低的生活方式，會使阿茲海默症的風險提高2.5倍[118]）。
- 通勤或在辦公室內移動時，將注意力放在隨之產生的身體感覺上（雙腳的絕妙協調、兩腳踢到地面的感覺、肌肉及關節的動作、身體重心移動的感覺等）。

- 將注意力放在現在。運動即使有目標，也不要先去想「大概還剩多少？」
- 不要逼迫自己，而是要關愛自己。
- 不要和周圍及自己過去的表現比較，就照著當天的身體狀況進行即可（運動會促使人「進入化境（即心流狀態）」，可調節後扣帶皮層）。

【方法❸】用餐時可做的——餐食冥想

- 採行麥得飲食（▼154頁）。尤其需注意水果、堅果、全穀類的攝取不足及鹽分過多問題（有數據指出阿茲海默症風險會減半）。
- **【餐食冥想】**吃東西前，要意識到「自己為什麼想吃？」對味道強烈的加工食品、甜食、白碳水化合物（即白米、麵條等精緻澱粉）有渴望時，需多加注意。仔細留意食物的外觀、氣味、溫度等方面，要像第一次吃東西的孩子般，慢慢品嚐口感及味道的變化等■[119]。

【方法❹】針對習慣可做的——RAIN

- 抽煙、過量飲酒、暴飲暴食等壞習慣之所以戒不了，主要是因為內在的空虛喚起渴望（Craving），使大腦處於依賴、成癮狀態■120。
- 當你感覺到「想抽煙」、「想喝酒」、「想吃東西」等渴望時，請仔細注意、意識到滿足該慾望時所產生的身體感覺（正念能降低情緒性的暴飲暴食及肥胖■121）。容易吃太多的人，養成記錄「飲食日誌」的習慣也相當有效。
- 【RAIN】控制渴望的四個步驟

①**認知**（Recognize）：注意、意識到自己的渴望（例如；想抽煙！）。然後在感覺渴望的同時，以深呼吸等方式放鬆。

②**接受**（Accept）：接受渴望，不要試圖壓抑或忽略，要把它當成一種存在於自己內心的自然體驗，予以接納。就像衝浪的人不會試圖阻止海浪，而是會接受並乘浪而行。

③**調查**（Investigate）：隨著渴望變得越來越強烈，要客觀地檢查「現在

自己的身體有何感受？」

④化為言語（Note）：把渴望當成別人的事般，與自己切割、斷開。而將該感覺寫成短句、詞彙，便可有效達成這樣的目的。例如：感覺胃部翻攪、感覺胸口炙熱灼燒等。接著追蹤該感覺的變化趨勢（強度、性質、範圍等）。如果注意力跑掉了，就再回到③，直到渴望消失。

【方法❺】針對智力可做的——健腦

- **【正念注意法】**坐在椅子上閉起眼睛，實行正念呼吸法。做到一定程度後，自由地逐一改變意識的目標對象，從「身體的感覺」→「聲音」→「呼吸」→到「周圍空間」（非特定對象，而是整體＝無選擇的覺察。掌管高階認知功能的背外側前額葉皮質的活動量會上升■[122]）。這樣就能夠恢復專注力、注意力，而於誘發相關大腦功能後進行健腦，較容易進一步提升效果。
- 健腦活動以每天30～60分鐘，每週2小時左右為目標。目前較推薦的健腦應用程式，包括Brain HQ（brainhq.com）及Lumosity（Lumosity.

com）。其中前者包含亦曾用於ACTIVE研究（▼141頁）的各種訓練（具有7～14年份的記憶力改善效果。只要做5週，效果便會以年為單位延續■123）。

- **【N-back任務】**是一種用於測試額葉之工作記憶功能（可能從20幾歲就開始衰退）的訓練任務。做法是，在筆記本的各頁面角落逐一寫上隨機數字，然後一邊翻頁，一邊回想起「寫在前一頁上的數字」。一旦熟練後，就試試能否也回想起「前兩頁」、「前三頁」的數字，以此方式逐漸增加難度。目前已有配合智慧型手機使用的此種App（請搜尋「N-back」）。

【方法❻】針對美容可做的——由熱情主導

- 在進行泡澡、淋浴、刷牙、化妝、吹頭髮、換衣服等整理打扮自己的行為時，注意自己是否心神不定、心思散漫，並將意識導向身體動作及隨之產生的感覺變化。正念能夠抑制壓力荷爾蒙，故其美膚效果也很值得期待。

- 在照護身體時，要注意自己對老化等狀況是否有「由恐懼主導（Fear-driven）」的現象。對於因年齡增長而產生的變化，不是試圖抹滅、掩飾，而是要接納與年齡相稱的自身變化，並在這樣的範圍內努力維持自己的美觀漂亮，亦即要以這樣的「熱情」為原動力（Passion-driven）。
- 一旦發現自己對老化有所恐懼，就要意識到自己容易產生道德評斷的性格（往往會輕易做出「應該要這樣」之類判斷），或是自己的刻板印象，然後運用ACT（▼208頁），將之轉換為積極、正向的行動。

【方法⑦】能夠大家一起做的──團體冥想

- 創造一群人一起實行正念的機會。可利用社群網路等平台，或企劃某些實際聚集多人的活動。據說在台灣，就有團體致力於達成「超越老化」（良好的人際關係及聯繫，是提升幸福感的最主要因素）。

【方法⑧】能在一天內做的──為日常生活感到驚喜

- 早上一起床，就想著「今天也醒來了」這項驚人奇蹟。

• 一邊伸展身體，一邊把注意力放在身體接觸床單的感覺。
• 想出三件當天即將發生的好事。
• 在一天之中，有意識地加入「短暫的休息」。要注意到自己想使用手機的衝動。製造關機時段，減少大腦的過度使用及心思的散漫、遊蕩。
• 與人談話時（和家人講話、工作時的開會溝通等），請試著想像從房間一角俯瞰整體的觀點。
• 做一些志工、義工等無酬勞的工作。
• 晚上睡覺前，在心中感謝三件當天發生的事。

＊　＊　＊

從那天之後，大約每隔三天，小夏便會來「永恆之家」一次，持續爲老人們教授「生活正念」課程。

一開始只是抱著好玩心態來聽課的老人們，不知怎的，一直不斷聽她講課，好像都聽不膩。
看來火災這個與生命有關的經驗，似乎讓他們意識到了「再生」。
雖說關於外婆是否該搬離的疑慮並未完全清除，不過，在我和史考特拼了命的遊說之下，再加上其他居住者們的挽留，總算是成功地讓外婆打消了念頭。
又或許是也能培養「善意」的正念，發揮了效果也說不定呢。
「卡爾文，眞是太好了。雖然青年樓的人幾乎都跑光了，但老先生、老太太們因爲小夏的課程，現在都過得比先前更積極有活力吔。大家似乎都順利地接受了老化，並且獲得了滿足感。」
「嗯……是啊。」
不知爲何，他顯得有些愁眉苦臉。以一個總是滿面笑容，對每個人都不忘關心的人來說，這可是相當不尋常。
「欸？卡爾文，你怎麼了？」
「沒，沒什麼……沒事，一切都很好。」

對於我的問題，卡爾文慌慌張張地回答說。

個性體貼如他，一定是爲了避免造成我們的困擾而隱瞞了什麼事。

「卡爾文，別騙我了，說出來吧。一直以來都是你在幫我，建議我住進這兒的，不也是你嗎？這件事我眞的非常感謝。所以，若你有任何困擾，請務必告訴我。雖然我不一定幫得上忙……」

「嗯，嗯……謝謝。其實是這樣的……」

「永恆之家」是以年輕人和老人共同生活的「跨世代交流老人院」的形式創設，但這次的火災燒毀了青年樓，導致年輕人都走光了。雖說只要重建青年樓即可，但考量到修繕費用之高，以及「永恆之家」的財務狀況，要重建似乎很難。如此一來，這地方就喪失了當初的宗旨，變成單純的小型老人院。在這種狀態下，今後的營運可能也會變得非常困難。

把卡爾文的話總結起來，就差不多是這意思。

「原來如此。難得能創立出這麼棒的設施，眞希望有什麼辦法能延續下去。」

聽了我這樣的回應，卡爾文便搖搖頭。

「唉……實際上，我說的也不是什麼很久以後的事。這裡的老闆已經說了，6個月內若重建一事還無法有個頭緒，就該考慮關閉了。」

「欸？關閉？怎麼會這樣……」

卡爾文點了點頭，深深地嘆了口氣。雖然他的口氣仍一如往常地平靜，但似乎是眞的相當煩惱。

「如果是這樣的話，我有個好點子！」我拍了拍卡爾文的肩膀，垂頭喪氣的他於是抬起頭看向我這邊。「簡單來說，就是讓這裡成爲『可以從衰老中解放出來』的地方！」

是的，過去這幾週以來，我醞釀了一個秘密的計畫——

Lecture 8

克服「腦的老化」

——被嚇壞的杏仁核與Memento mori——
（勿忘你終有一死）

「這眞是太神奇了……美羽，來申請的人比想像中還多很多吔！」

卡爾文一邊看著MacBook的螢幕，一邊興奮地說。

將「永恆之家」的一部分開放爲正念計劃培訓中心——這就是我針對「重建老人院」想出來的點子。

爲期三天的培訓是與耶魯大學的正念中心合作，有幾堂課尤達和小夏也會出席。

話雖如此，但在此擔任講師的，主要是老人院的老人們。除了各種冥想課程外，他們也提供人生諮詢。正因爲是人生經驗與結晶記憶豐富的老人世代，所以才能提供這樣的服務。這是對老人也兼具復原效果的一種跨世代交流活動，故據說沒有心理諮商執照什麼的也沒問題。

而未因火災毀損的青年樓房間則做爲住宿設施，可供參與培訓計畫的人使用。爲了實現「以為期三天的正念來讓大腦徹底休息」這一宗旨，房間裡只有最基本的家具設備，沒有電視可看，也沒有網路可用。

其中，位於稍微高起的山丘之上，與外界適度隔離的「永恆之家」的地理位置，可說是發揮了很大功效。培訓計畫的參與者們脫離平日的吵嚷喧囂，在這被森林所圍繞的建築物中進行冥想、散步等活動，悠閒地度過三天時光。

而最後一塊拼圖，就是我在萊斯利的協助下，於耶魯持續開發的「厄爾畢斯III」。

雖然在VR空間中描繪出自己的未來樣貌這點並未改變，但我做了一些改良，不再挑起人們對老化的恐懼，而是減緩對老化的焦慮，激起人們想要老得漂亮、老得美麗的熱情。

符合「厄爾畢斯（在希臘語中表示「希望」之意）」之名的功能，終於成功地實現於此裝置。

所有參與者都將透過「厄爾畢斯III」來接納自己未來的樣貌，同時與老人們一起實行正念。藉此，人們便能夠從「對老化的恐懼」中解放出來，而這就是這項計畫的真正目的。

雖是在半信半疑下展開的企劃，但後來卻證明這是個非常成功的好點子。絕對算不上便宜的這項培訓計畫，才剛在網路上公開招募，就有一大堆人提出申請。

「美羽，眞的很謝謝妳！都是托妳的福。課程一路匆忙追加到半年後了，竟然還是瞬間秒殺，全部報名額滿呢。我想這一定能讓老闆重新考慮關閉的事。」

卡爾文看起來眞的很高興，畢竟他比誰都深愛這「永恆之家」。

看著他的笑臉，我也感同身受地開心起來，胸口感到一陣熱血沸騰。

死後的世界真的只是一種「童話故事」？

——霍金博士的話

躺在床上的外婆，正發出輕微的鼾聲。

「看來睡得挺熟的。」

站在另一側的尤達輕聲說到。

約莫一週前，當我正坐在耶魯的研究室裡打電腦時，接到了卡爾文打來的電話，說是外婆不小心吃錯東西，稍微引發了一陣騷動。

「我想說早點通知妳比較好……不過已經沒事了。」

才剛鬆一口氣，沒想到幾天後外婆就因高燒而倒下。

診斷結果是吸入性肺炎──吞嚥食物時細菌進入呼吸道，於是引發肺炎。醫生說其情況難以預料，還是得做好如果事情眞發生時的心理準備才行。

話雖如此，外婆的表情看來卻是相當安穩平靜。

自從開始實行生活正念後，外婆的記憶力有改善的傾向。她用我買來的彩色鉛筆，畫下來參加正念訓練課程的年輕人的肖像，並送給他們，收到的人似乎都非常高興。明顯地，健忘症狀減少了，時不時還會突然聊起過去的回憶。

就在一切都開始好轉時，竟然又發生這種事。

「尤達，我還不想跟外婆道別，我希望她能再活久一點。但，這只是我自私的想法嗎？」

「嗯……我覺得亞希子應該也希望能再多跟美羽妳相處久一點。可是啊，人生再怎麼長，都無法讓人們覺得『這樣就夠了！』所以死亡，尤其是所愛的人的死亡，永遠都是痛苦又悲傷的。」

如此說的尤達，眼裡泛起一陣淚光。

這風格詭異的老頭，竟然會讓人看見他的眼淚……我想他一定也曾失去所愛的人吧。

「人死了會怎樣呢？科學沒有給出任何答案嗎？」

對於我的問題，尤達搖了搖頭。

「正是在這方面，科學也同樣無解。死亡是世上最無法確定的東西。自己死了會怎樣，只能透過他人的死亡來想像。死於二〇一八年三月的理論物理學家史蒂芬．霍金（Stephen Hawking）博士就說了：『天堂和死後的世界都不存在，那些都是為了害怕黑暗的人所編造出來的童話故事』[124]。無法保證會有後續，但也沒有證據可確定不會有後續。全世界的宗教都口徑一致地宣稱『死後還有另一個世界』，但每個人的理解各自不同。」

有多少比例的人類真的希望能「長生不老」？

「Nana會害怕死亡嗎？」

我突然低聲問了一句。

「我也不知道吔……對死亡的恐懼是所有焦慮、害怕之首，是對人類而言的終極主題。就連對老化的恐懼，追根究底，也可說就是對死亡的恐懼。妳還記得嗎？對老化的恐懼反而會進一步成為老化的原因，也很可能影響壽命，因此不難想像，對死亡的恐懼也是同樣道理。恐懼、害怕會讓人類消耗掉大量能量，只要把那些能量稍微挪一點到生活上，或許意外地就能輕鬆改變人生也說不定呢。」

「尤達，眞的沒辦法把對死亡的恐懼從人身上去除掉嗎？」

「姑且不論能不能去除得掉，能以某種方法來克服倒是眞的。若將死亡視爲客觀的『生命活動的停止』，現在人類仍以每秒鐘約2人的速度持續不斷地死亡■[125]。如果進一步從生物整體的角度來思考，又會是怎樣呢？妳一定能想像光是這一瞬間，就有不計其數的大量死亡在不斷持續累積。死亡其實就是『日常生活』啊。」

原來如此……雖說「生命活動的停止」是如此稀鬆平常，可是我並不覺得死亡因此就能變得不令人感到害怕。

「死亡不足爲奇，但我認爲它本身還是有『價值』的，因爲『結束』具有很大的力量。

例如：精神科醫師的工作我也做了好多年，在那段期間，有時甚至必須進行『持續5年每週諮商3次』之類的特殊治療，而且並不是每次都能有眼睛看得見的效果，病患也不一定都會跟我講重要的事，眞的是非常累人呢。不過，有時到了最後，病患便會把先前一直未能說出口的『核心』一股腦兒地講出來。之前的沉默，彷彿像是『蛹化』般的準備期，重大突破突然之間就來臨。所謂的結束，就具有這樣的力量。」

或許是察覺到了我的疑惑，尤達又繼續說道。

「你的意思是，人生要能夠散發光彩，結束終究是有其必要的？」

聽了我的提問後，尤達深深地點了個頭。

「妳還記得我曾提到過，細菌及癌細胞沒有細胞分裂的限制，亦即沒有海佛烈克極限，這件事本身可算是實現了某種長生不老嗎？與已進化生物的細胞不同，它們缺乏引發細胞死亡的機制。就像沒有煞車的汽車一樣。但汽車要能發揮其原始價值（＝行駛），煞車終究是必不可少的，對吧？」

「死亡」若從這世界徹底消失，不知會變成怎樣？就像開在高速公路及街道上的汽車全都煞車失靈一樣？這麼想來，還眞是有點嚇人。

「從這個意義上來說，我還眞無法毫無顧忌地期望長生不老呢。雖然長生不老的科學正在迅速發展中，但真正打從心底希望能『永遠活者』的人，我想應該只有極少數的一小撮吧？而且，只有期望永生的那些富足、幸福的人們一直存活下去，其他人都被淘汰的世界，真的是對的嗎……」

別過頭去不看死亡，持續為過去及未來所「壓迫」的生活方式

「尤達，」我開口說道：「老實說，就算有人問我：『妳害怕死亡嗎？』我其實也不太確定自己到底怕不怕。畢竟從小看著厭惡老化的媽媽長大，『變老很可怕』這件事我可以理解。但苦於死亡這件事本身的人，大家都沒看過吧？所以，死亡到底可不可怕，我覺得我似乎無法斷言。」

尤達嗯嗯嗯地點了點頭後，伸出了他的食指，眼睛一如往常地閃耀出燦

爛的光輝。

「美羽，越來越接近核心囉！沒錯，死亡所產生的，正是沒有對象的恐懼，也就是焦慮。就像蛇很可怕，鬼很可怕，疼痛很可怕等等，死亡卻沒有某個指得出來的明確對象。也正是這點，使得克服對死亡的恐懼變得相對困難。

死亡之所以可怕（雖然不確定爲什麼可怕），其實是因爲人們總是別過頭去不願看它的關係。對昨天的事感到懊悔，對下週的事感到煩心，心思持續爲過去或未來所俘虜。把死亡趕到遙遠未來的某處，我們在記憶、記錄及今後時程表的『壓迫』之下活著。我想這或許就是現代人『對難以理解的死亡感到恐懼』的眞正原因啊。」

「換句話說，只要能脫離爲過去及未來所束縛的日常生活，更認眞地看待死亡的話，應該就能夠克服對死亡的恐懼，是嗎？」

「沒錯，這正是所謂的『Memento mori（勿忘你終有一死）』！雖說要認眞看待死亡，但可不是要妳對終有一天會到來的意識滅絕，抱持著不明的恐懼。而是別後悔昨天、憂慮明天，要將意識集中於當下，要以全新的目光看待『現在這一瞬間自己活著』這一事實，面對獨一無二的自己。不看自己沒有的，要一遍又一遍地發現擁有的奇蹟，這才是所謂的認眞看待死亡。」

死亡不是位於線性時間遠端某處的一個點，而是在「當下」的另一側具有無限可能性的某種東西——

只要有「飢餓與孤獨」存在，人就不會陷入「恐慌」？

「這，這意思是……」

尤達搶在我之前繼續解釋。

「這可說就是正念的根本概念。只要還被來自過去與未來的時間所壓迫，就稱不上是眞正的活著。有位禪僧曾說：『生與死是硬幣的兩面。』我想這應該也是同樣道理[126]。

此外，日本有個比較社會學家也說了，現代人恐懼死亡的理由就在於『時間感覺』。而他以詳細的歷史分析爲基礎，做出了現時充足，亦即滿足當下正是恐懼死亡的解決方案這一結論[127]。」

將注意力放在「當下」的正念，並不是讓人忘記死亡，就某種意義而言，其實是讓人面對死亡，然後藉此使人更進一步接受死亡，成爲克服「焦慮」的助力。

「舉例來說，有一種症狀叫恐慌症發作。這種狀態，近似於掌管『對死亡的恐懼』之名爲杏仁核的大腦原始部位，『劫持』了整個大腦。而針對這部分，甚至有人提出『只要給予飢餓與孤獨感，就能克服恐慌症發作所引發的強烈焦慮』的說法[128]。

也就是在充滿各種『物質』與『聯繫』的現代，刻意製造與死亡相關聯的『飢餓感』及『孤獨感』，便能讓人的心思朝向『當下』，焦慮感便會消失。當然，這做法並未被認可為一種治療行為，但做為一種思維模式，我覺得或許有其真實之處。」

將意識導向「當下」，認真看待死亡，是克服對死亡恐懼的最好辦法。一旦接受了死，生就變得光輝耀眼。

說來奇怪，對老是被過去及未來所束縛、心中總是莫名焦慮的我來說，這種想法不知為何竟然還真挺適用的。

「我不怕死，甚至有點期待終有一天到來的死亡。但同時，每天也都過得很滿足。」

試著從三個觀點來寫「自己的祭文」

「不知不覺地，好像越聊越哲學了……」

尤達發出他那一貫的詭異笑聲。

「專業的哲學我不懂，不過，至今爲止由一流知識份子們以邏輯建構而成的世界，竟然也和大腦科學的知識及認知療法的概念相關聯，眞的是相當有意思呢。話雖如此，我也只是個科學家，是個醫生，還是講點具體的東西好了。

舉個例子，有些人總是在擔心『我是不是病了？』、『我是不是不健康？』。我們往往會將這類人診斷爲疑病症（Hypochondriasis）。而有人認爲，這種疾病追根究底還是和對死亡的恐懼脫不了干係。

就曾有研究報告指出，在疑病症患者的團體治療中，刻意讓患者想像關於死亡的事、促使他們改變想法，其疑病症確實獲得了改善■129。換言之，在認知療法裡，解決恐懼的唯一方法也是『正面面對』。」

原來這部分的效果，也已在臨床層次獲得了證實啊。

「尤達，但『面對死亡』就只能透過正念將注意力聚焦於『當下』而已嗎？還有沒有其他的具體辦法呢？」

「嗯……例如：光是寫下想以怎樣的方式迎接的自己死亡也行。美羽妳希望自己怎麼死呢？」

「嗯，這個嘛……在地中海或某處的美麗孤島上，和我愛的人們圍在餐桌前享受愉快時光。回到家後，從窗戶眺望美麗的海景，閱讀喜歡的書，接著上床就寢。就這樣靜靜地沒了呼吸……這樣如何？」

「SUPER！超級浪漫的。還有像是列出『死前想做的一百件事』，也就是寫下所謂的遺願清單也可以，而想像人生最後的晚餐也是個辦法。看書或看電影等也可能成爲思考死亡的契機，當然我想也有人是從信仰中尋找答案。」

「明明是自己的臨終，但不知爲何，想像起來還挺有趣的。」

「還有更專業一點的，就是先前提過以認知療法結合正念的ACT（▼208頁）方法。最常見的就是『想像在自己的喪禮上誦讀的祭文』、『想像刻在自己墓碑上的墓誌銘』等做法■130。」

「祭，祭文……感覺不太吉利吔。」

依據尤達的說法，只要一邊想像結束自己一生時所回顧的將是怎樣的人生，一邊以如下的三個觀點來思考喪禮祭文——

①**身體**（physical）

②**心理**（mental）

③**心靈**（spiritual）

「首先從第一個開始。美羽妳這一生想和自己的身體維持著怎樣的關係呢？關於這部分，在自己的喪禮上被怎麼形容會讓妳覺得高興？」

被尤達這麼一問，我試著想像了起來。

「葉月美羽女士一直以來都只在意自己的外表，不希望大家覺得她老，在化妝品和美容整型上都花了很多錢。」

這種祭文就免了！應該要像這樣——

「葉月美羽女士順應隨年齡增長而產生的身體變化，老得內外兼具。她對運動和飲食都相當注意，是個充滿魅力的人，總是洋溢著符合其年齡之美。儘管晚年身患疾病，她卻能把疾病當成朋友般予以接納，與之和平共存。」

像這樣具體地化為言語，好像就漸漸能看出自己的價值觀。我希望自己是健康的，同時也希望自己是個有魅力的人，我要的不是虛假的外表，而是符合年齡的美麗。

依此要領，我繼續也從「②心理」及「③心靈」的觀點來嘗試思考祭文的句子。據說其中所謂的「心靈」，是指想成為怎樣的人、想擁有什麼樣的智慧、要相信些什麼等等，亦即比「心理」更深的精神層面。

我從這三個觀點思考了自己的祭文，並確認了各方面的最基礎的價值觀。

「那麼，接著就是ACT的最後步驟。為了實現自己描繪的三種價值，美羽妳覺得自己必須採取哪些新的行動？從做得到的開始就行了，沒必要突然拼命去執行很難的事，但要盡可能具體。在以往的行為中，有哪些是妳想保留的、哪些想要拋棄，又有什麼新的行動想展開？要這麼明確地列出來才行。」

尤達繼續說道。

＊＊＊

就在尤達這堂進行於病床旁的課程差不多告一段落時，我的手機響起。是卡爾文打來的。

『美羽，有重大消息！』

他平常說話總是很平靜，今天卻一反常態地語氣亢奮，看來應該是好消息沒錯。

『火災的原因查出來了，警察說是縱火。聽說附近的3名高中生跑來自首了。』

回到老人院後，卡爾文爲我說明了詳細情況。

「說來悲哀……據說那些高中生供稱，他們『不知怎的，就覺得老人院的老人們很礙眼』。是其中一名家長偶然聽見他們的對話，這件事才曝了光。」

「這，這也未免太離譜……，光是『覺得礙眼』就縱火？實在是太惡劣了……」

我頭有點暈了起來。果然又是「對老化的厭惡感」在作祟，而且這厭惡感，毫無疑問地也潛藏在我自己身上。

「眞的是太惡劣了。不過美羽，人就是會只因爲『和自己不同』，便滿不在乎地歧視他人、對別人暴力相向。我從小在黑人貧民窟裡長大，有很深的體會。我的祖父母只因爲是黑皮膚，就一直受到不合理的迫害，而我父母也忍受了一連串的艱辛。我眞的很希望終有一天這世界能克服、接受這樣的『差異』。正因如此，所以這跨世代交流的老人院『永恆之家』對我來說是個希望。」

後來，有幾位之前懷疑亞希子的老人們來向我表達歉意，他們說等外婆康復回來，也會正式向她道歉。

＊＊＊

日暮時分，康乃狄克州的紐哈芬也逐漸飄散出冬天的氣息。

從位於山丘之上的「永恆之家」往下望去，被夕陽映照的美麗街道一覽無遺。

自那之後，Ｎａｎａ的病情就每況愈下。今天下午，醫生告訴我：「已經無能為力。」

「如果我弄錯了，請一定要原諒我喔——」我對尤達說：「我想該不會，尤達你其實以前喜歡Ｎａｎａ？」

尤達大師露出他那皺巴巴的笑容，看來是有點害臊了起來。

「有一次，亞希子不是用彩色鉛筆畫了一幅花的圖嗎？」

「嗯，我記得，那時你告訴我她是以梵谷的油畫《鳶尾花》爲主題畫成的。」

「……30歲的時候，我剛參加完學術會議，順路到紐約的大都會藝術博物館逛了一下，在那裡遇到了一位正在專心臨摹《鳶尾花》的女性。」

「欸？那是……」

「是的，就是亞希子。」

原來如此，那幅畫裡竟然藏著這樣的一段回憶啊！

「亞希子就是這樣一個充滿知性之美的女人。她當時剛離婚，但肚子裡已經有了孩子。那個孩子就是妳母親。從那時起，我們的關係到底發展成怎樣……這部分就留給美羽妳想像吧。後來我和別的女性結了婚，而亞希子則以新銳藝術家之姿受到全世界的矚目。我本以爲再也沒機會見到她了，沒想到各自過了近50年不同人生的兩人，竟又偶然重逢於這『永恆之家』。」

尤達說著，便從懷裡拿出那張素描圖。

默默凝視著那幅畫的他，似乎是在細細重溫與外婆的那段美好回憶。過去的兩人，肯定度過了一段短暫而幸福的時光。

【Epilogue】

經金繕修補的陶器

「唉呀，竟然變成這副窮酸樣。」

一個意料之外的訪客，出現在圍繞著外婆遺體的我們面前。

「媽！……妳怎麼突然來了？要來的話，至少也先通知我一聲啊。」

媽媽一副沒聽到我的話的樣子，愣怔地盯著躺在床上的外婆。

連這種時候，服裝和髮型都還是完完全全的女演員樣，只有眼角的妝罕見地稍微花了。

＊　＊　＊

經歷那次「危機」之後，「永恆之家」順利走上重建的道路。

搭配了老人世代所提供之人生諮詢的正念訓練課程，依舊持續呈現報名額滿狀態，就連媒體也爭相報導。

儘管來自訓練課程的收益遠不及修復青年樓所需之金額，不過，小夏幫忙申請的州政府補助金已獲得核准，建築物的重建進度也比預期快上許多。

我在耶魯大學的研究亦有所進展。本是為挑起恐老症而用的VR技術，現在被融入至為使人們更成熟而設計的新裝置。

幸運的是，「厄爾畢斯III」在專業人士的領域中引起轟動，讓今後的研究開發獲得了許多投資人的支持。

另一方面，已被宣告「來日不多」的外婆，一反醫師預期，顯現出了驚人的復原程度。來到她病床旁探訪的「永恆之家」居民絡繹不絕，總有人熱絡地在閒話家常。

在那裡有的，與其說是聯想自「照護」一詞的哀傷氣氛，或許更像是令每個人都滿臉笑意的「祭典」氛圍。

Nana就這樣靜靜地在大家的歡聲笑語之中離世。

要說毫無悲傷感，肯定是騙人的。但為她送行的我們，看著她從東京到紐約，再從紐約到康乃狄克州的人生旅程，又繼續邁向新的目的地，心中確實留下了不可思議的滿足感。

＊＊＊

「……真是的……。活得那麼任性，說變老就變老，然後現在又變成這副悲慘的模樣……什麼話都沒跟女兒說就這樣死了……」

低著頭的母親聲音在顫抖。我沒想到媽媽對外婆竟然有這些感覺。

但同時，我心中卻也湧起一股難以名狀的怒氣。妳自己不也是一直都把女兒丟著不管！怎麼能對Ｎａｎａ說出這麼自私的話！

就在這話即將脫口而出時，注意到我表情的尤達硬是插了嘴。

「響子小姐，一直以來，妳一定都覺得很寂寞吧。不過，請妳想一想，亞希子創造出來的美，讓世上的人們多麼地著迷。一邊養大妳一邊還要創作出那麼多的作品，她有多麼辛苦啊。」

突然有個詭異的小個子老人對她說起話來，讓媽媽瞬間愣了一下，不過她很快就回過神來。

「……我不知道你是誰，但這不關你的事。藝術又怎樣，藝術和小孩到底哪個比較重要？她甚至曾經什麼話都不跟我說，結果現在變成這樣……已經什麼都不能說、什麼都不能做了！」

媽媽瞪著尤達說完，肩膀顫抖開始啜泣。這是我第一次看見媽媽沒喝醉卻在眾人面前這樣掉眼淚。

「如果我說了什麼不禮貌的話，我道歉。我是亞希子的老朋友，認識她的時候，她總是一邊抱著還年幼的妳，一邊訴說著自己的煩惱。她說：『我是不是太重視自己的事業，忽略了這孩子？我是不是沒資格做一個媽。』」

「…………！」

聽到這話的媽媽沉默了片刻後，又開始激動落淚。

意識到時，我才發現自己已經衝到媽媽身邊，揉著她的背。無法用言語表達的情緒一擁而上，我的眼睛也不斷地湧出淚水。

「亞希子毫無疑問地非常愛妳。我年輕的時候，聽她這麼說不知聽了幾次。儘管矛盾又苦惱，但她還是一直很關心、很在意妳，就跟妳一直都很重視美羽一樣。或許是太笨拙的關係，這樣的愛始終沒能好好地讓妳感受到……

不過，亞希子那犀利而堅強的基因，顯然都有遺傳給了響子小姐和美羽。其證據就在於，身爲女演員、身爲研究人員，妳們都各自成長得如此傲人。

而且這一生，她的大腦和身體眞的都持續發揮得淋漓盡致。亞希子的身體，沒有癌細胞也沒有心肌梗塞，心臟及肝臟的功能，直到最後的最後都還是健康的。如此優秀的基因，響子小姐和美羽都繼承到了，這點可千萬別忘記啊。亞希子是留下了這麼美好的禮物之後，才離開這個世界的。」

尤達大師說得沒錯。我們每個人都會衰老，然後死去，但這個人在其一生中所創造出來的價值，則會刻入宇宙，永遠留存。

媽媽走到遺體旁，輕輕地把手放在外婆的手上。

「媽——」

這是我第一次聽到她叫外婆「媽」。

＊＊＊

終於，我的進修假也即將結束。

「美羽，妳真的要走了？」

在「永恆之家」的入口處，卡爾文露出一臉悲傷的表情。

這地方，從我失去意識昏倒那天到現在，感覺好像過了好久好久。若沒有這名年輕的黑人，在這裡的日子恐怕不會這麼充實。想到這裡，心中便湧起一股熱流。

「卡爾文，真的……真的很謝謝你。」

他一邊握住我伸出的手，一邊露出有些猶豫的表情。

「美羽，我們……還會再見面嗎？」

他像是下定決心開口說，並用那雙彷彿要把人吸進去的大眼睛，直勾勾地看著我。

「當然會！我們一定很快就能再見到面。」

就像在告訴自己一樣，我如此回答。

「美羽，這個給妳。」

尤達把一個熟悉的小木盒遞給了我，而裝在盒子裡的，是外婆做的那個經過「金繕」修補的陶器。拿在手裡仔細觀察，彷彿還能從中聽見年輕時外婆的呼吸聲。

「欸？可是，這個是……」

「OK啦，現在這個給美羽妳保管比較合適。」

雖然破了，但也正因爲破了，才得以創造出來的美。

有了這個，我應該就再也不怕恐老症了。

在初冬的暖陽下，黃色蝴蝶翩翩飛舞。

（完）

【結語】

正因有「終」才得以體會

二〇一六年七月十三日，「今上天皇打算於生前退位」的新聞傳遍全日本。接著八月八日，天皇便發表了一段充滿情感的影片。

當時，我的處女作《最高休息法》才剛出版，對於相隔許久再次踏上日本土地的我來說，這新聞可眞是讓人大吃一驚。

我心裡想的是：終於走到了這一步啊——

儘管日本的高齡化在此之前早就已是常識，但聽到竟然連天皇也受到影響的這象徵性新聞，著實令人感觸甚深。

還記得，當時我馬上就此主題與編輯藤田先生聊了一下。

「希望能有個指南針來指引自己如何度過餘生。」

我想我那時大概是說了類似這樣的話。這是源自於我自己最根本的渴望，進而成爲了下一部作品的構想。

之後，不論在日本還是美國，與「老化」有關的出版物都持續增加。然而，一直都沒能找到我想知道的內容。

今後自己的人生會發生哪些事？而我又該如何面對那些事？甚至更進一步，我需要什麼才能消除對老化的恐懼？

我位於洛杉磯的診所也感受到了時代的浪潮，病患們持續高齡化，記憶力減退及失智症的問題越來越常見。

「目前阿茲海默症的病因尚未釐清，只有延緩病情進展的藥物而已。」對於只能如此說明的自己，我眞是厭惡至極。對病患來說，這樣的解釋肯定無法讓人滿意。關於阿茲海默症，據說至少還要幾十年才會有答案。可是，包括我在內，大家都等不了這麼久。

戴爾．布雷德森在其著作中感嘆著醫療對失智症的袖手旁觀。他說：「我們對失智症的悲劇已經麻痺了嗎？我們已經放棄，已不再全力以赴了嗎？（中略）科學界的天才眞的深信自己對阿茲海默症無能爲力嗎？」

簡言之，他就是在抱怨專家們其實缺乏努力克服失智症及阿茲海默症的熱情。不過在此同時，他也提到了因這樣的「熱情」而失去客觀性的危險。

那麼，身爲大腦與心靈的專家，我們能做些什麼呢？

布雷德森，以及端粒權威伊莉莎白．布雷克本，還有白澤抗加齡醫學研究所的所長白澤卓二先生等人，都口徑一致地強調一件事——**壓力是老化與失智症的風險因素**。

本書所介紹的正念，能夠在舒緩壓力的同時，讓我們的大腦轉變爲不易衰老的狀態。此外，還能爲生活習慣及行爲也帶來影響，亦可促進運動與飲食改善等抗衰老措施的實行。

若用料理來比喻，正念就像是一種調味料，不僅本身是好吃的食材，也能凸顯其他食材，更能夠使整體料理融合在一起。

在這個領域裡，確實還有很多的未知存在。但本書於熱情與客觀性之間維持平衡，並盡可能秉持科學根據，將希望讓各位瞭解的內容統整起來。

包括生活正念在內，若能夠讓各位也開始實行本書所介紹的多種方法，身爲作者的我會非常開心。

二〇一七年一月，我有幸獲得機會就本書主題與白澤卓二先生對談。而其實在那次的對談前30分鐘，我才剛接到父親只剩6個月的壽命的通知。當時，對於心煩意亂的我以及我父親，白澤先生提供了一段超越一般理論的寶貴訊息，因此，我想藉此機會向白澤先生表達誠摯的謝意。

爲《最高休息法》的出版感到欣喜的父親後來去世，而面臨父親逝世的期間與本書撰寫過程恰巧重疊這點，完全在我的意料之外。

「人生最重要的兩個篇章就是生與死，怎能對其中一者不予讚頌？」

白澤先生的這段話，對後來的我而言幫助很大。

於撰寫本書期間，除了在抗衰老醫療與失智症預防方面獲得了白澤先生的寶貴建議外，我也將他的許多見解，表現在故事中美羽和史考特等人照護亞希子的場景裡。

當然在寫這本書時，也受到了許多其他人的協助。

麻薩諸塞大學正念中心的研究負責人賈德森．布魯爾針對其專長領域的正念與腦科學，尤其是在後扣帶皮層的運作與老化的關聯性這部分，與我做了許多有意義的討論。加州大學洛杉磯分校（UCLA）的副教授津川友介先生，則在失智症與飲食預防（麥得飲食）的意義上，提供了身爲專業人士的寶貴意見。還有同樣在UCLA從事教學工作，並以正念老化（Mindful Aging）專家身分活躍的米特拉．曼尼許（Mitra Manesh），傳授了我面對老化與死亡的活在當下之術。京都大學教育學研究所的森口佑介副教授，提供了關於兒童與老人額葉發達的精彩見解。正念健康公司（mindful-health.co.jp）的代表董事，同時也是一位神經內科醫師的山下Akiko女士，以其專業的「利用正念達成健康」之觀點，提供了許多對於生活正念的精闢建議。

能像這樣獲得各領域專家們的寶貴意見，著實令人喜出望外，在此要致上最深的謝意。

最後，DIAMOND出版社編輯藤田悠先生繼《最高休息法》系列，又再度給了我非常大的幫助。他的智慧與深思熟慮，不知為此作品提升了多少格調。衷心感謝從兩年前聊了本書構想之後，他持續至今的長期支持。

在父親過世的前幾天，我腦袋裡閃過一個想法：**我們永遠都需要瞭解永恆不存在這件事。**

這是我在此書的撰寫及父親的最終章交錯重疊之中的體悟。

父親過世後，朋友給我的支持話語也讓我無法忘記。

「以水晶和冰來說，雖然冰會融化，其外觀會改變，但冰具有水晶所沒有的美感。」

正因為接觸到了所謂死亡的「終」，才得以體會生命會到達終點。現在的我，已能夠如此相信。

已故的父親從未看過本書，但我想他一定會喜歡的。

久賀谷 亮

■121 Katterman, S. N., Kleinman, B. M., Hood, M. M., Nackers, L. M., & Corsica, J. A. (2014). Mindfulness meditation as an intervention for binge eating, emotional eating, and weight loss: *A systematic review. Eating Behaviors,* 15(2), 197-204.

■122 Tang, Y. Y., Hölzel, B. K., & Posner, M. I. (2015). The neuroscience of mindfulness meditation. *Nature Reviews Neuroscience,* 16(4), 213.

■123 Ball, K., Berch, D. B., Helmers, K. F., Jobe, J. B., Leveck, M. D., Marsiske, M., ... & Unverzagt, F. W. (2002). Effects of cognitive training interventions with older adults: a randomized controlled trial. *JAMA*, 288(18), 2271-2281.

■124 Sample, I. (2011). Stephen Hawking: There is no heaven; it' s a fairy story. *The Guardian.* [https://www.theguardian.com/science/2011/may/15/stephen-hawking-interview-there-is-no-heaven]

■125 山本良一•Think the Earth Project. (2003). 1秒の世界 GLOBAL CHANGE in ONE SECOND. ダイヤモンド社.

■126 Suzuki, S. (2010). *Zen mind, beginner's mind: Informal talks on Zen meditation and practice.* Shambhala Publications.

■127 眞木悠介. (2003). 時間の比較社会学. 岩波現代文庫.

■128 長嶋一茂. (2010). 乗るのが怖い―私のパニック障害克服法. 幻冬舎新書.

■129 Furer, P., & Walker, J. R. (2008). Death anxiety: A cognitive-behavioral approach. *Journal of Cognitive Psychotherapy,* 22(2), 167-182.

- Hiebert, C., Furer, P., Mcphail, C., & Walker, J. R. (2005). Death anxiety: A central feature of hypochondriasis. *Depression and Anxiety,* 22(4), 215-216.

■130 Bloom, S. (1975). On teaching an undergraduate course on death and dying. *OMEGA-Journal of Death and Dying,* 6(3), 223-226.

- Iverach, L., Menzies, R. G., & Menzies, R. E. (2014). Death anxiety and its role in psychopathology: Reviewing the status of a transdiagnostic construct. *Clinical Psychology Review,* 34(7), 580-593..

- Mather, M., & Carstensen, L. L. (2003). Aging and attentional biases for emotional faces. *Psychological Science,* 14(5), 409-415.
- Mather, M. (2012). The emotion paradox in the aging brain. *Annals of the New York Academy of Sciences,* 1251(1), 33-49.

■108 Gould, R. L., Brown, R. G., Owen, A. M., Bullmore, E. T., & Howard, R. J. (2006). Task-induced deactivations during successful paired associates learning: an effect of age but not Alzheimer's disease. *Neuroimage,* 31(2), 818-831.

■109 Mather, M., Mazar, N., Gorlick, M. A., Lighthall, N. R., Burgeno, J., Schoeke, A., & Ariely, D. (2012). Risk preferences and aging: The "certainty effect" in older adults' decision making. *Psychology and Aging,* 27(4), 801-816.

■110 Carstensen, L. L. (1993). Motivation for social contact across the life span: A theory of socioemotional selectivity. *Nebraska Symposium on Motivation,* 40, 209-254.

■111 Tornstam, L. (2005).*Gerotranscendence: A developmental theory of positive aging.* Springer Publishing Company.

■112 増井幸恵. (2014). 話が長くなるお年寄りには理由がある. PHP新書.

- 佐藤眞一・権藤恭之〔編著〕. (2016). よくわかる高齢者心理学. ミネルヴァ書房.

■113 Hanh, T. N. (2006). *True love: A practice for awakening the heart.* Shambhala Publications.

■114 Levy, B. R., Hausdorff, J. M., Hencke, R., & Wei, J. Y. (2000). Reducing cardiovascular stress with positive self-stereotypes of aging. *The Journals of Gerontology Series B: Psychological Sciences and Social Sciences,* 55(4), 205-213.

■115 Brewer, J. (2017). *The craving mind: from cigarettes to smartphones to love? Why we get hooked and how we can break bad habits.* Yale University Press.

■116 Brewer, J. A., Worhunsky, P. D., Gray, J. R., Tang, Y. Y., Weber, J., & Kober, H. (2011). Meditation experience is associated with differences in default mode network activity and connectivity. *Proceedings of the National Academy of Sciences,* 108(50), 20254-20259.

■117 Alda, M., Puebla-Guedea, M., Rodero, B., Demarzo, M., Montero-Marin, J., Roca, M., & Garcia-Campayo, J. (2016). Zen meditation, length of telomeres, and the role of experiential avoidance and compassion. *Mindfulness,* 7(3), 651-659.

■118 Kivipelto, M., & Solomon, A. (2008). Alzheimer' s disease—the ways of prevention. *The Journal of Nutrition Health and Aging,* 12(1), S89-S94.

■119 久賀谷亮. (2018). 無理なくやせる"脳科学ダイエット". 主婦の友社.

■120 Brewer, J. A., Mallik, S., Babuscio, T. A., Nich, C., Johnson, H. E., Deleone, C. M., ... & Carroll, K. M. (2011). Mindfulness training for smoking cessation: results from a randomized controlled trial. *Drug and Alcohol Dependence,* 119(1-2), 72-80.

- Brewer, J. (2017). *The craving mind: from cigarettes to smartphones to love? Why we get hooked and how we can break bad habits.* Yale University Press.

aging. *Educational Gerontology,* 34(4), 292-305.

■97 De Hennezel, M. (2012). *The Art of Growing Old: Aging with Grace.* Penguin.

■98 Burns, D. D. (1999). *Ten Days to Self-Esteem.* William Morrow Paperbacks.

■99 Ruiz, F. J. (2010). A review of Acceptance and Commitment Therapy (ACT) empirical evidence: Correlational, experimental psychopathology, component and outcome studies. *International Journal of Psychology and Psychological Therapy,* 10(1).

■100 Erikson, E. H. (1994). *Identity and the life cycle.* WW Norton & Company.

- Newman, B. M., & Newman, P. R. (2017). *Developm ent through life: A psychosocial approach.* Cengage Learning.

■101 佐藤眞一・権藤恭之〔編著〕. (2016). よくわかる高齢者心理学. ミネルヴァ書房.

■102 Gallen, C. L., Turner, G. R., Adnan, A., & D'Esposito, M. (2016). Reconfiguration of brain network architecture to support executive control in aging. *Neurobiology of Aging,* 44, 42-52.

■103 Cabeza, R. (2002). Hemispheric asymmetry reduction in older adults: the HAROLD model. *Psychology and Aging,* 17(1), 85-100.

■104 Davis, S. W., Dennis, N. A., Daselaar, S. M., Fleck, M. S., & Cabeza, R. (2007). Que PASA? The posterior-anterior shift in aging. *Cerebral Cortex,* 18(5), 1201-1209.

■105 Moriguchi, Y., & Hiraki, K. (2009). Neural origin of cognitive shifting in young children. *Proceedings of the National Academy of Sciences,* 106(14), 6017-6021.

- 森口佑介. (2015). 実行機能の初期発達：脳内機構およびその支援. 心理学評論, 58(1), 77-88.

- 森口佑介. (2009). 幼児の固執的行動と前頭前野の活動. 発達科学・発達心理学を考える. [http://blog.livedoor.jp/gccpu/archives/1233647.html]（Blog）

■106 Mather, M. (2012). The emotion paradox in the aging brain. *Annals of the New York Academy of Sciences,* 1251(1), 33-49.

- Moriguchi, Y., & Hiraki, K. (2013). Prefrontal cortex and executive function in young children: a review of NIRS studies. *Frontiers in Human Neuroscience,* 7, 867.

- Moriguchi, Y., & Hiraki, K. (2011). Longitudinal development of prefrontal function during early childhood. *Developmental Cognitive Neuroscience,* 1(2), 153-162.

- Moriguchi, Y. (2014). The early development of executive function and its relation to social interaction: a brief review. *Frontiers in Psychology,* 5, 388.

■107 Nashiro, K., Sakaki, M., & Mather, M. (2012). Age differences in brain activity during emotion processing: Reflections of age-related decline or increased emotion regulation. *Gerontology,* 58(2), 156-163.

- Sakaki, M., Nga, L., & Mather, M. (2013). Amygdala functional connectivity with medial prefrontal cortex at rest predicts the positivity effect in older adults' memory. *Journal of Cognitive Neuroscience,* 25(8), 1206-1224.

■88 Buckner, R. L., Snyder, A. Z., Shannon, B. J., LaRossa, G., Sachs, R., Fotenos, A. F., ... & Mintun, M. A. (2005). Molecular, structural, and functional characterization of Alzheimer's disease: evidence for a relationship between default activity, amyloid, and memory. *Journal of Neuroscience,* 25(34), 7709-7717.

- Mormino, E. C., Smiljic, A., Hayenga, A. O., H. Onami, S., Greicius, M. D., Rabinovici, G. D., ... & Miller, B. L. (2011). Relationships between beta-amyloid and functional connectivity in different components of the default mode network in aging. *Cerebral Cortex,* 21(10), 2399-2407.

■89 Bero, A. W., Yan, P., Roh, J. H., Cirrito, J. R., Stewart, F. R., Raichle, M. E., ... & Holtzman, D. M. (2011). Neuronal activity regulates the regional vulnerability to amyloid-β deposition. *Nature Neuroscience,* 14(6), 750-756.

■90 Filippini, N., MacIntosh, B. J., Hough, M. G., Goodwin, G. M., Frisoni, G. B., Smith, S. M., ... & Mackay, C. E. (2009). Distinct patterns of brain activity in young carriers of the APOE-ε4 allele. *Proceedings of the National Academy of Sciences,* 106(17), 7209-7214.

■91 Epel, E. S., Puterman, E., Lin, J., Blackburn, E. H., Lum, P. Y., Beckmann, N. D., ... & Tanzi, R. E. (2016). Meditation and vacation effects have an impact on disease-associated molecular phenotypes. *Translational Psychiatry,* 6(9), e880.

- Shaurya Prakash, R., De Leon, A. A., Klatt, M., Malarkey, W., & Patterson, B. (2012). Mindfulness disposition and default-mode network connectivity in older adults. *Social Cognitive and Affective Neuroscience,* 8(1), 112-117.

- Prakash, R. S., De Leon, A. A., Patterson, B., Schirda, B. L., & Janssen, A. L. (2014). Mindfulness and the aging brain: a proposed paradigm shift. *Frontiers in Aging Neuroscience,* 6, 120.

■92 Hoge, E. A., Chen, M. M., Orr, E., Metcalf, C. A., Fischer, L. E., Pollack, M. H., ... & Simon, N. M. (2013). Loving-Kindness Meditation practice associated with longer telomeres in women. *Brain, Behavior, and Immunity,* 32, 159-163.

- Carlson, L. E., Beattie, T. L., Giese-Davis, J., Faris, P., Tamagawa, R., Fick, L. J., ... & Speca, M. (2015). Mindfulness-based cancer recovery and supportive-expressive therapy maintain telomere length relative to controls in distressed breast cancer survivors. *Cancer,* 121(3), 476-484.

■93 Lengacher, C. A., Reich, R. R., Kip, K. E., Barta, M., Ramesar, S., Paterson, C. L., ... & Park, H. Y. (2014). Influence of mindfulness-based stress reduction (MBSR) on telomerase activity in women with breast cancer (BC). *Biological Research for Nursing,* 16(4), 438-447.

■94 Schutte, N. S., & Malouff, J. M. (2014). A meta-analytic review of the effects of mindfulness meditation on telomerase activity. *Psychoneuroendocrinology,* 42, 45-48.

■95 佐藤眞一・権藤恭之〔編著〕. (2016). よくわかる高齢者心理学. ミネルヴァ書房.

■96 Hernandez, C. R., & Gonzalez, M. Z. (2008). Effects of intergenerational interaction on predict longevity? Findings from the Tokyo Centenarian Study. *Age*, 28(4), 353-361.

■79 Schocker, L. (2012). 6 Personality Traits Associated With Longevity. *HuffPost.* [https://www.huffingtonpost.com/2012/07/06/personality-longevity_n_1652685.html]

■80 Conklin, Q., King, B., Zanesco, A., Pokorny, J., Hamidi, A., Lin, J., ... & Saron, C. (2015). Telomere lengthening after three weeks of an intensive insight meditation retreat. *Psychoneuroendocrinology*, 61, 26-27.

■81 Epel, E. S., Puterman, E., Lin, J., Blackburn, E. H., Lum, P. Y., Beckmann, N. D., ... & Tanzi, R. E. (2016). Meditation and vacation effects have an impact on disease-associated molecular phenotypes. *Translational Psychiatry*, 6(9), e880.

■82 Acevedo, B. P., Pospos, S., & Lavretsky, H. (2016). The neural mechanisms of meditative practices: novel approaches for healthy aging. *Current Behavioral Neuroscience Reports*, 3(4), 328-339.

■83 Gard, T., Taquet, M., Dixit, R., Hölzel, B. K., de Montjoye, Y. A., Brach, N., ... & Lazar, S. W. (2014). Fluid intelligence and brain functional organization in aging yoga and meditation practitioners. *Frontiers in Aging Neuroscience*, 6, 76.

■84 Lehert, P., Villaseca, P., Hogervorst, E., Maki, P. M., & Henderson, V. W. (2015). Individually modifiable risk factors to ameliorate cognitive aging: a systematic review and meta-analysis. *Climacteric*, 18(5), 678-689.

- Wayne, P. M., Walsh, J. N., Taylor-Piliae, R. E., Wells, R. E., Papp, K. V., Donovan, N. J., & Yeh, G. Y. (2014). Effect of Tai Chi on cognitive performance in older adults: Systematic review and meta-Analysis. *Journal of the American Geriatrics Society*, 62(1), 25-39.

■85 Lazar, S. W., Kerr, C. E., Wasserman, R. H., Gray, J. R., Greve, D. N., Treadway, M. T., ... & Rauch, S. L. (2005). Meditation experience is associated with increased cortical thickness. *Neuroreport*, 16(17), 1893-1897.

- Hölzel, B. K., Carmody, J., Vangel, M., Congleton, C., Yerramsetti, S. M., Gard, T., & Lazar, S. W. (2011). Mindfulness practice leads to increases in regional brain gray matter density. *Psychiatry Research: Neuroimaging*, 191(1), 36-43.

- Fox, K. C., Nijeboer, S., Dixon, M. L., Floman, J. L., Ellamil, M., Rumak, S. P., ... & Christoff, K. (2014). Is meditation associated with altered brain structure? A systematic review and meta-analysis of morphometric neuroimaging in meditation practitioners. *Neuroscience & Biobehavioral Reviews*, 43, 48-73.

■86 Brewer, J. A., Worhunsky, P. D., Gray, J. R., Tang, Y. Y., Weber, J., & Kober, H. (2011). Meditation experience is associated with differences in default mode network activity and connectivity. *Proceedings of the National Academy of Sciences*, 108(50), 20254-20259.

■87 Lustig, C., Snyder, A. Z., Bhakta, M., O'Brien, K. C., McAvoy, M., Raichle, M. E., ... & Buckner, R. L. (2003). Functional deactivations: change with age and dementia of the Alzheimer type. *Proceedings of the National Academy of Sciences*, 100(24), 14504-14509.

- Spira, A. P., Gamaldo, A. A., An, Y., Wu, M. N., Simonsick, E. M., Bilgel, M., ... & Resnick, S. M. (2013). Self-reported sleep and β-amyloid deposition in community-dwelling older adults. *JAMA Neurology,* 70(12), 1537-1543.

■69 Vance, M. C., Bui, E., Hoeppner, S. S., Kovachy, B., Prescott, J., Mischoulon, D., ... & Hoge, E. A. (2018). Prospective association between major depressive disorder and leukocyte telomere length over two years. *Psychoneuroendocrinology,* 90, 157-164.

■70 Epel, E. S., Blackburn, E. H., Lin, J., Dhabhar, F. S., Adler, N. E., Morrow, J. D., & Cawthon, R. M. (2004). Accelerated telomere shortening in response to life stress. *Proceedings of the National Academy of Sciences,* 101(49), 17312-17315.

■71 Ridout, K., Ridout, S., Guille, C., Mata, D., & Sen, S. (2018). O16. The Impact of Medical Residency Training on Cellular Aging. *Biological Psychiatry,* 83(9), S114.

■72 Mathur, M. B., Epel, E., Kind, S., Desai, M., Parks, C. G., Sandler, D. P., & Khazeni, N. (2016). Perceived stress and telomere length: a systematic review, meta-analysis, and methodologic considerations for advancing the field. *Brain, Behavior, and Immunity,* 54, 158-169.

- Epel, E. S., & Prather, A. A. (2018). Stress, Telomeres, and Psychopathology: Toward a Deeper Understanding of a Triad of Early Aging. *Annual Review of Clinical Psychology,* 14, 371-397.

■73 Zhou, Q. G., Hu, Y., Wu, D. L., Zhu, L. J., Chen, C., Jin, X., ... & Zhu, D. Y. (2011). Hippocampal telomerase is involved in the modulation of depressive behaviors. *Journal of Neuroscience,* 31(34), 12258-12269.

■74 Aydinonat, D., Penn, D. J., Smith, S., Moodley, Y., Hoelzl, F., Knauer, F., & Schwarzenberger, F. (2014). Social isolation shortens telomeres in African grey parrots (Psittacus erithacus erithacus). *PloS One*, 9(4), e93839.

■75 Park, M., Verhoeven, J. E., Cuijpers, P., Reynolds III, C. F., & Penninx, B. W. (2015). Where you live may make you old: the association between perceived poor neighborhood quality and leukocyte telomere length. PloS One, 10(6), e0128460.

■76 Gruenewald, T. L., Tanner, E. K., Fried, L. P., Carlson, M. C., Xue, Q. L., Parisi, J. M., ... & Seeman, T. E. (2015). The Baltimore Experience Corps Trial: enhancing generativity via intergenerational activity engagement in later life. *Journals of Gerontology Series B: Psychological Sciences and Social Sciences,* 71(4), 661-670.

■77 Friedman, H. S., Kern, M. L., & Reynolds, C. A. (2010). Personality and health, subjective well-being, and longevity. *Journal of Personality,* 78(1), 179-216.

- Mayer, J. D. (2010). An Aspect of Personality that Predicts Longevity - Do psychological factors really predict longevity?. *Psychology Today.* [https://www.psychologytoday.com/intl/blog/the-personality-analyst/201011/aspect-personality-predicts-longevity]

- Friedman, H. S., & Martin, L. R. (2011). *The longevity project: surprising discoveries for health and long life from the landmark eight decade study.* Hay House, Inc.

■78 Masui, Y., Gondo, Y., Inagaki, H., & Hirose, N. (2006). Do personality characteristics

■62 Farzaneh-Far, R., Lin, J., Epel, E. S., Harris, W. S., Blackburn, E. H., & Whooley, M. A. (2010). Association of marine omega-3 fatty acid levels with telomeric aging in patients with coronary heart disease. *JAMA*, 303(3), 250-257.

■63 Valls-Pedret, C., Sala-Vila, A., Serra-Mir, M., Corella, D., De la Torre, R., Martínez-González, M. Á., ... & Estruch, R. (2015). Mediterranean diet and age-related cognitive decline: a randomized clinical trial. *JAMA Internal Medicine*, 175(7), 1094-1103.

■64 Feart, C., Samieri, C., Rondeau, V., Amieva, H., Portet, F., Dartigues, J. F., ... & Barberger-Gateau, P. (2009). Adherence to a Mediterranean diet, cognitive decline, and risk of dementia. *JAMA*, 302(6), 638-648.

- Singh, B., Parsaik, A. K., Mielke, M. M., Erwin, P. J., Knopman, D. S., Petersen, R. C., & Roberts, R. O. (2014). Association of mediterranean diet with mild cognitive impairment and Alzheimer's disease: a systematic review and meta-analysis. *Journal of Alzheimer's Disease*, 39(2), 271-282.

- Lourida, I., Soni, M., Thompson-Coon, J., Purandare, N., Lang, I. A., Ukoumunne, O. C., & Llewellyn, D. J. (2013). Mediterranean diet, cognitive function, and dementia: a systematic review. *Epidemiology*, 24(4), 479-489.

- Sofi, F., Abbate, R., Gensini, G. F., & Casini, A. (2010). Accruing evidence on benefits of adherence to the Mediterranean diet on health: an updated systematic review and meta-analysis. *The American Journal of Clinical Nutrition*, 92(5), 1189-1196.

- Rijpma, A., Meulenbroek, O., & Rikkert, M. O. (2014). Cholinesterase inhibitors and add-on nutritional supplements in Alzheimer's disease: a systematic review of randomized controlled trials. *Ageing Research Reviews*, 16, 105-112.

■65 Morris, M. C., Tangney, C. C., Wang, Y., Sacks, F. M., Bennett, D. A., & Aggarwal, N. T. (2015). MIND diet associated with reduced incidence of Alzheimer's disease. *Alzheimer's & Dementia*, 11(9), 1007-1014.

- American Heart Association. (2017). *Suggested Servings from Each Food Group*. [https://www.heart.org/en/healthy-living/healthy-eating/eat-smart/nutrition-basics/suggested-servings-from-each-food-group]

■66 西道隆臣. (2016). アルツハイマー病は治せる、予防できる. 集英社新書

■67 Jackowska, M., Hamer, M., Carvalho, L. A., Erusalimsky, J. D., Butcher, L., & Steptoe, A. (2012). Short sleep duration is associated with shorter telomere length in healthy men: findings from the Whitehall II cohort study. *PLoS One*, 7(10), e47292.

■68 Xie, L., Kang, H., Xu, Q., Chen, M. J., Liao, Y., Thiyagarajan, M., ... & Takano, T. (2013). Sleep drives metabolite clearance from the adult brain. *Science*, 342(6156), 373-377.

- Ooms, S., Overeem, S., Besse, K., Rikkert, M. O., Verbeek, M., & Claassen, J. A. (2014). Effect of 1 night of total sleep deprivation on cerebrospinal fluid β-amyloid 42 in healthy middle-aged men: a randomized clinical trial. *JAMA Neurology*, 71(8), 971-977.

training, and vascular risk monitoring versus control to prevent cognitive decline in at-risk elderly people (FINGER): a randomised controlled trial. *The Lancet,* 385(9984), 2255-2263.

■53 Norton, S., Matthews, F. E., Barnes, D. E., Yaffe, K., & Brayne, C. (2014). Potential for primary prevention of Alzheimer's disease: an analysis of population-based data. *The Lancet Neurology,* 13(8), 788-794.

■54 Stern, Y. (2012). Cognitive reserve in ageing and Alzheimer's disease. *The Lancet Neurology,* 11(11), 1006-1012.

■55 Cherkas, L. F., Hunkin, J. L., Kato, B. S., Richards, J. B., Gardner, J. P., Surdulescu, G. L., ... & Aviv, A. (2008). The association between physical activity in leisure time and leukocyte telomere length. *Archives of Internal Medicine,* 168(2), 154-158.

- Loprinzi, P. D., Loenneke, J. P., & Blackburn, E. H. (2015). Movement-based behaviors and leukocyte telomere length among US adults. *Medicine & Science in Sports & Exercise,* 47(11), 2347-2352.

■56 Hood, D. A. (2009). Mechanisms of exercise-induced mitochondrial biogenesis in skeletal muscle. *Applied Physiology, Nutrition, and Metabolism,* 34(3), 465-472.

■57 Hillman, C. H., Erickson, K. I., & Kramer, A. F. (2008). Be smart, exercise your heart: exercise effects on brain and cognition. *Nature Reviews Neuroscience,* 9(1), 58-65.

- Sofi, F., Valecchi, D., Bacci, D., Abbate, R., Gensini, G. F., Casini, A., & Macchi, C. (2011). Physical activity and risk of cognitive decline: a meta-analysis of prospective studies. *Journal of Internal Medicine,* 269(1), 107-117.

- Hamer, M., & Chida, Y. (2009). Physical activity and risk of neurodegenerative disease: a systematic review of prospective evidence. *Psychological Medicine,* 39(1), 3-11.

■58 Head, D., Bugg, J. M., Goate, A. M., Fagan, A. M., Mintun, M. A., Benzinger, T., ... & Morris, J. C. (2012). Exercise engagement as a moderator of the effects of APOE genotype on amyloid deposition. *Archives of Neurology,* 69(5), 636-643.

■59 Werner, C., Hecksteden, A., Zundler, J., Boehm, M., Meyer, T., Laufs, U. (2015). Differential effects of aerobic endurance, interval and strength endurance training on telomerase activity and senescence marker expression in circulating mononuclear cells. ESC Congress, 30 August 2015. [http://congress365.escardio.org/SubSession/4553#.WW127jOZNE4]

- Blackburn, E. & Epel, E. (2017). *The Telomere Effect: A Revolutionary Approach to Living Younger, Healthier, Longer. Grand Central Publishing.*

■60 Wulaningsih, W., Watkins, J., Matsuguchi, T., & Hardy, R. (2016). Investigating the associations between adiposity, life course overweight trajectories, and telomere length. *Aging (Albany NY),* 8(11), 2689.

■61 Blackburn, E. & Epel, E. (2017). *The Telomere Effect: A Revolutionary Approach to Living Younger, Healthier, Longer.* Grand Central Publishing.

- Levy, B. R., Hausdorff, J. M., Hencke, R., & Wei, J. Y. (2000). Reducing cardiovascular stress with positive self-stereotypes of aging. *The Journals of Gerontology Series B: Psychological Sciences and Social Sciences,* 55(4), 205-213.
- Levy, B. R., Zonderman, A. B., Slade, M. D., & Ferrucci, L. (2009). Age stereotypes held earlier in life predict cardiovascular events in later life. *Psychological Science,* 20(3), 296-298.

■40 Epel, E. S., Blackburn, E. H., Lin, J., Dhabhar, F. S., Adler, N. E., Morrow, J. D., & Cawthon, R. M. (2004). Accelerated telomere shortening in response to life stress. *Proceedings of the National Academy of Sciences,* 101(49), 17312-17315.
- Blackburn, E. & Epel, E. (2017). *The Telomere Effect: A Revolutionary Approach to Living Younger, Healthier, Longer.* Grand Central Publishing.

■41 Levy, B. (2009). Stereotype embodiment: A psychosocial approach to aging. *Current Directions in Psychological Science,* 18(6), 332-336.

■42 Ward, R. A. (2010). How old am I? Perceived age in middle and later life. *The International Journal of Aging and Human Development,* 71(3), 167-184.

■43 Beck, A. T. (1979). *Cognitive Therapy and the Emotional Disorders.* Plume.

■44 Can Alzheimer be stopped?（紀錄片）

■45 西道隆臣. (2016). アルツハイマー病は治せる、予防できる. 集英社新書.

■46 Villeda, S. A., Plambeck, K. E., Middeldorp, J., Castellano, J. M., Mosher, K. I., Luo, J., ... & Wabl, R. (2014). Young blood reverses age-related impairments in cognitive function and synaptic plasticity in mice. *Nature Medicine,* 20(6), 659-663.

■47 Wyss-Coray, T. (2016). Ageing, neurodegeneration and brain rejuvenation. *Nature,* 539(7628), 180-186.

■48 Endo, T., Yoshino, J., Kado, K., & Tochinai, S. (2007). Brain regeneration in anuran amphibians. *Development, Growth & Differentiation,* 49(2), 121-129.
- Kizil, C., Kaslin, J., Kroehne, V., & Brand, M. (2012). Adult neurogenesis and brain regeneration in zebrafish. *Developmental Neurobiology,* 72(3), 429-461.

■49 Christensen, K., & Vaupel, J. W. (1996). Determinants of longevity: genetic, environmental and medical factors. *Journal of Internal Medicine,* 240(6), 333-341.

■50 Williams, J. W., Plassman, B. L., Burke, J., Holsinger, T., & Benjamin, S. (2010). Preventing Alzheimer’ s disease and cognitive decline. *Evidence Report/Technology Assessment,* 193(1), 1-727.

■51 Willis, S. L., Tennstedt, S. L., Marsiske, M., Ball, K., Elias, J., Koepke, K. M., ... & Wright, E. (2006). Long-term effects of cognitive training on everyday functional outcomes in older adults. *JAMA,* 296(23), 2805-2814.

■52 Ngandu, T., Lehtisalo, J., Solomon, A., Levälahti, E., Ahtiluoto, S., Antikainen, R., ... & Lindström, J. (2015). A 2 year multidomain intervention of diet, exercise, cognitive

■28 Yaffe, K., Lindquist, K., Kluse, M., Cawthon, R., Harris, T., Hsueh, W. C., ... & Rubin, S. M. (2011). Telomere length and cognitive function in community-dwelling elders: findings from the Health ABC Study. *Neurobiology of Aging*, 32(11), 2055-2060.

■29 King, K. S., Kozlitina, J., Rosenberg, R. N., Peshock, R. M., McColl, R. W., & Garcia, C. K. (2014). Effect of leukocyte telomere length on total and regional brain volumes in a large population-based cohort. *JAMA Neurology*, 71(10), 1247-1254.

■30 Zhan, Y., Song, C., Karlsson, R., Tillander, A., Reynolds, C. A., Pedersen, N. L., & Hägg, S. (2015). Telomere length shortening and Alzheimer disease - a Mendelian randomization study. *JAMA Neurology*, 72(10), 1202-1203.

■31 Maguire, E. A., Woollett, K., & Spiers, H. J. (2006). London taxi drivers and bus drivers: a structural MRI and neuropsychological analysis. *Hippocampus*, 16(12), 1091-1101.

- Mechelli, A., Crinion, J. T., Noppeney, U., O'doherty, J., Ashburner, J., Frackowiak, R. S., & Price, C. J. (2004). Neurolinguistics: structural plasticity in the bilingual brain. *Nature*, 431(7010), 757.

- Gaser, C., & Schlaug, G. (2003). Brain structures differ between musicians and non-musicians. *Journal of Neuroscience*, 23(27), 9240-9245.

■32 Erickson, K. I., Voss, M. W., Prakash, R. S., Basak, C., Szabo, A., Chaddock, L., ... & Wojcicki, T. R. (2011). Exercise training increases size of hippocampus and improves memory. *Proceedings of the National Academy of Sciences*, 108(7), 3017-3022.

■33 Bliss, T. V., & Collingridge, G. L. (1993). A synaptic model of memory: long-term potentiation in the hippocampus. *Nature*, 361(6407), 31.

- Murphy, T. H., & Corbett, D. (2009). Plasticity during stroke recovery: from synapse to behaviour. *Nature Reviews Neuroscience*, 10(12), 861.

■34 LeCun, Y., Bengio, Y., & Hinton, G. (2015). Deep learning. *Nature*, 521(7553), 436.

■35 內閣府. (2016). 平成28年版高齡社會白書（概要版）. [http://www8.cao.go.jp/kourei/whitepaper/w-2016/html/gaiyou/index.html]

■36 国立社会保障・人口問題研究所. (2017). 日本の将来推計人口（平成29年推計）. [http://www.ipss.go.jp/pp-zenkoku/j/zenkoku2017/pp_zenkoku2017.asp]

■37 Balaram, P. (2004). Gerontophobia, ageing and retirement. *Current Science*, 87(9), 1163-1164.

■38 佐藤眞一. (2015). 後半生のこころの事典. CCCメディアハウス.（老後生活心事典，晨星出版）

■39 Levy, B. R., Slade, M. D., Kunkel, S. R., & Kasl, S. V. (2002). Longevity increased by positive self-perceptions of aging. *Journal of Personality and Social Psychology*, 83(2), 261.

- Levy, B. R., Slade, M. D., Murphy, T. E., & Gill, T. M. (2012). Association between positive age stereotypes and recovery from disability in older persons. *JAMA*, 308(19), 1972-1973.

■15 Singh-Manoux, A., Kivimaki, M., Glymour, M. M., Elbaz, A., Berr, C., Ebmeier, K. P., ... & Dugravot, A. (2012). Timing of onset of cognitive decline: results from Whitehall II prospective cohort study. *BMJ*, 344, d7622.

■16 Murray, C. J., Aboyans, V., Abraham, J. P., Ackerman, H., Ahn, S. Y., Ali, M. K., ... & Andrews, K. G. (2013). GBD 2010 country results: a global public good. *The Lancet*, 381(9871), 965-970.

■17 Alzheimer's Association (2018). Alzheimer's Disease Facts and Figures. [https://www.alz.org/alzheimers-dementia/facts-figures]

■18 西道隆臣〔編著〕. (2011). ボケは40代に始まっていた—認知症の正しい知識. かんき出版.

■19 Can Alzheimer be stopped?（紀錄片）

■20 Wyss-Coray, T. (2016). Ageing, neurodegeneration and brain rejuvenation. *Nature*, 539(7628), 180-186.

- Marcus, D. S., Fotenos, A. F., Csernansky, J. G., Morris, J. C., & Buckner, R. L. (2010). Open access series of imaging studies: longitudinal MRI data in nondemented and demented older adults. *Journal of Cognitive Neuroscience*, 22(12), 2677-2684.

■21 Eriksson, P. S., Perfilieva, E., Björk-Eriksson, T., Alborn, A. M., Nordborg, C., Peterson, D. A., & Gage, F. H. (1998). Neurogenesis in the adult human hippocampus. *Nature Medicine*, 4(11), 1313.

■22 Raz, N., Lindenberger, U., Rodrigue, K. M., Kennedy, K. M., Head, D., Williamson, A., ... & Acker, J. D. (2005). Regional brain changes in aging healthy adults: general trends, individual differences and modifiers. *Cerebral Cortex*, 15(11), 1676-1689.

- Gunning-Dixon, F. M., & Raz, N. (2000). The cognitive correlates of white matter abnormalities in normal aging: a quantitative review. *Neuropsychology*, 14(2), 224.

■23 西道隆臣. (2016). アルツハイマー病は治せる、予防できる. 集英社新書.

■24 Dani, M., Brooks, D. J., & Edison, P. (2016). Tau imaging in neurodegenerative diseases. *European Journal of Nuclear Medicine and Molecular Imaging*, 43(6), 1139-1150.

■25 Bateman, R. J., Xiong, C., Benzinger, T. L., Fagan, A. M., Goate, A., Fox, N. C., ... & Holtzman, D. M. (2012). Clinical and biomarker changes in dominantly inherited Alzheimer's disease. *New England Journal of Medicine*, 367(9), 795-804.

■26 Bredesen, D. (2017). *The End of Alzheimer's: The First Program to Prevent and Reverse Cognitive Decline*. Penguin.

■27 Wyss-Coray, T. (2016). Ageing, neurodegeneration and brain rejuvenation. *Nature*, 539(7628), 180-186.

- Ohsumi, Y. (2014). Historical landmarks of autophagy research. *Cell Research*, 24(1), 9.

- Zare-shahabadi, A., Masliah, E., Johnson, G. V., & Rezaei, N. (2015). Autophagy in Alzheimer’ s disease. *Reviews in the Neurosciences*, 26(4), 385-395.

References

參考文獻

■01 內閣府. (2016). 平成28年版高齢社會白書（概要版）. [http://www8.cao.go.jp/kourei/whitepaper/w-2016/html/gaiyou/index.html]

■02 Regalado, Antonio. (2016). Google' s Long, Strange Life-Span Trip. *MIT Technology Review*. [https://www.technologyreview.com/s/603087/googles-long-strange-life-span-trip/]

■03 De Grey, A. D., Ames, B. N., Andersen, J. K., Bartke, A., Campisi, J., Heward, C. B., ... & Stock, G. (2002). Time to talk SENS: critiquing the immutability of human aging. *Annals of the New York Academy of Sciences*, 959(1), 452-462.

■04 De Grey, A. D., Baynes, J. W., Berd, D., Heward, C. B., Pawelec, G., & Stock, G. (2002). Is human aging still mysterious enough to be left only to scientists?. *BioEssays*, 24(7), 667-676.

■05 Hayflick, L. (1994). *How and why we age*. Ballantine Books.

■06 Blackburn, E. & Epel, E. (2017). *The Telomere Effect: A Revolutionary Approach to Living Younger, Healthier, Longer*. Grand Central Publishing.

■07 Blackburn, E. & Epel, E. (2017). *The Telomere Effect: A Revolutionary Approach to Living Younger, Healthier, Longer*. Grand Central Publishing.

■08 Christensen, K., Thinggaard, M., McGue, M., Rexbye, H., Aviv, A., Gunn, D., ... & Vaupel, J. W. (2009). Perceived age as clinically useful biomarker of ageing: cohort study. BMJ, 339, b5262.

■09 佐藤眞一. (2015). 後半生のこころの事典. CCCメディアハウス.（老後生活心事典，晨星出版）

■10 Gratton, L., & Scott, A. (2016). *The 100-year life: Living and working in an age of longevity*. Bloomsbury Publishing.（邦訳：池村千秋〔訳〕. ライフシフト—100年時代の人生戦略. 東洋経済新報社）

■11 Kido, M., Kohara, K., Miyawaki, S., Tabara, Y., Igase, M., & Miki, T. (2012). Perceived age of facial features is a significant diagnosis criterion for age - related carotid atherosclerosis in Japanese subjects: J-SHIPP study. *Geriatrics & Gerontology International*, 12(4), 733-740.

■12 Christensen, K., Thinggaard, M., McGue, M., Rexbye, H., Aviv, A., Gunn, D., ... & Vaupel, J. W. (2009). Perceived age as clinically useful biomarker of ageing: cohort study. *BMJ*, 339, b5262.

■13 西道隆臣〔編著〕. (2011). ボケは40代に始まっていた—認知症の正しい知識. かんき出版.

■14 Fernandez, A., Goldberg, E., & Michelon, P. (2013). *The SharpBrains guide to brain fitness: How to optimize brain health and performance at any age*. Sharpbrains, Incorporated.

首創以「腦科學」×「老化研究」×「正念」來實證

不老的腦

作　　者 | 久賀谷 亮 Akira Kugaya
譯　　者 | 陳亦苓 Bready Chen
發 行 人 | 林隆奮 Frank Lin
社　　長 | 蘇國林 Green Su

出版團隊
總 編 輯 | 葉怡慧 Carol Yeh
日文主編 | 許世璇 Kylie Hsu
企劃編輯 | 許世璇 Kylie Hsu
責任行銷 | 鍾佳吟 Ashley Chung
裝幀設計 | 謝佳穎 Jaing Xie
版面構成 | 譚思敏 Emma Tan

行銷統籌
業務處長 | 吳宗庭 Tim Wu
業務主任 | 蘇倍生 Benson Su
業務專員 | 鍾依娟 Irina Chung
業務秘書 | 陳曉琪 Angel Chen、莊皓雯 Gia Chuang
行銷主任 | 朱韻淑 Vina Ju

發行公司 | 悅知文化　精誠資訊股份有限公司
105台北市松山區復興北路99號12樓
訂購專線 | (02) 2719-8811
訂購傳真 | (02) 2719-7980
專屬網址 | http://www.delightpress.com.tw
悅知客服 | cs@delightpress.com.tw
ISBN：978-986-510-020-9
建議售價 | 新台幣350元　　　初版一刷 | 2020年01月

國家圖書館出版品預行編目資料

不老的腦：全世界的菁英們都是這樣讓大腦回春!／久賀谷亮著；陳亦苓譯. -- 初版. -- 臺北市：精誠資訊, 2020.01
面；　公分
ISBN 978-986-510-020-9(平裝)
1. 健腦法 2. 生活指導
494.35　　108022884

建議分類 | 商業實用・醫療保健

廣告回信
平信、免貼郵票
台灣北區郵政管理局登記證
台北廣字第1531號

SYSTEX making it happen 精誠資訊 | dp 悅知文化 Delight Press

精誠公司悅知文化　收

105 台北市復興北路99號12樓

（請沿此虛線對折寄回）

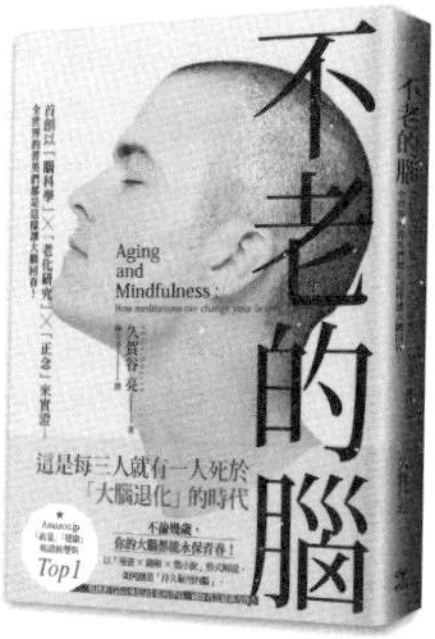

dp 悅知文化 Delight Press

讀者回函

《不老的腦》

感謝您購買本書。為提供更好的服務，請撥冗回答下列問題，以做為我們日後改善的依據。
請將回函寄回台北市復興北路99號12樓（免貼郵票），悅知文化感謝您的支持與愛護！

姓名：＿＿＿＿＿＿＿＿ 性別：□男 □女 年齡：＿＿＿歲

聯絡電話：(日)＿＿＿＿＿＿＿＿ (夜)＿＿＿＿＿＿＿＿

Email：＿＿＿＿＿＿＿＿＿＿＿＿＿＿＿＿

通訊地址：□□□-□□ ＿＿＿＿＿＿＿＿＿＿＿＿＿＿＿＿

學歷：□國中以下 □高中 □專科 □大學 □研究所 □研究所以上

職稱：□學生 □家管 □自由工作者 □一般職員 □中高階主管 □經營者 □其他＿＿＿＿＿＿

平均每月購買幾本書：□4本以下 □4~10本 □10本~20本 □20本以上

- 您喜歡的閱讀類別？(可複選)

  □文學小說 □心靈勵志 □行銷商管 □藝術設計 □生活風格 □旅遊 □食譜 □其他＿＿＿＿＿＿

- 請問您如何獲得閱讀資訊？(可複選)

  □悅知官網、社群、電子報 □書店文宣 □他人介紹 □團購管道

  媒體：□網路 □報紙 □雜誌 □廣播 □電視 □其他＿＿＿＿＿＿

- 請問您在何處購買本書？

  實體書店：□誠品 □金石堂 □紀伊國屋 □其他＿＿＿＿＿＿

  網路書店：□博客來 □金石堂 □誠品 □PCHome □讀冊 □其他＿＿＿＿＿＿

- 購買本書的主要原因是？(單選)

  □工作或生活所需 □主題吸引 □親友推薦 □書封精美 □喜歡悅知 □喜歡作者 □行銷活動

  □有折扣＿＿＿折 □媒體推薦＿＿＿＿＿＿

- 您覺得本書的品質及內容如何？

  內容：□很好 □普通 □待加強 原因：＿＿＿＿＿＿

  印刷：□很好 □普通 □待加強 原因：＿＿＿＿＿＿

  價格：□偏高 □普通 □偏低 原因：＿＿＿＿＿＿

- 請問您認識悅知文化嗎？(可複選)

  □第一次接觸 □購買過悅知其他書籍 □已加入悅知網站會員www.delightpress.com.tw □有訂閱悅知電子報

- 請問您是否瀏覽過悅知文化網站？ □是 □否

- 您願意收到我們發送的電子報，以得到更多書訊及優惠嗎？ □願意 □不願意

- 請問您對本書的綜合建議：＿＿＿＿＿＿＿＿＿＿＿＿

- 希望我們出版什麼類型的書：＿＿＿＿＿＿＿＿＿＿＿＿